新时代

铁路客站建造新技术

（案例卷）

中铁建工集团有限公司　编

中国建筑工业出版社

图书在版编目（CIP）数据

新时代铁路客站建造新技术. 案例卷 / 中铁建工集团有限公司编. —北京：中国建筑工业出版社，2023.6（2023.12重印）

ISBN 978-7-112-28842-7

Ⅰ. ①新… Ⅱ. ①中… Ⅲ. ①铁路车站—客运站—建筑设计—案例—中国 Ⅳ. ①TU248.1

中国国家版本馆CIP数据核字（2023）第112580号

步入新时代，在中国国家铁路集团有限公司“畅通融合、绿色温馨、经济艺术、智能便捷”的指导方针和建设“精心、精细、精致”的精美站房要求下，中国铁路客站精品工程建设得以广泛开展。

本书简要介绍了对铁路精品工程建设的理解，重点对如何创建精品工程进行了详细的介绍，尤其是对精品工程的策划、建设协同、实施组织、品质管理、技术要求等进行了深入的分析，对装饰装修策划的主要内容进行了介绍。

近年来，精品铁路客站建设事业得到了长足的发展，以北京丰台站、清河站、杭州西站、平潭站、嘉兴站、南通西站等为代表的新时代高铁客站，深入融合地域或历史文化，展现文化自信，充分融入艺术创作，全面提升建造品质，为社会留下一座座传世精品。

本书可供从事铁路客站建设的设计、施工、监理、咨询、建设管理的工程技术人员、管理人员学习参考，也可供铁路工程运营管理及相关领域的科研人员、高等院校师生参考。

责任编辑：张　磊　万　李
责任校对：党　蕾
校对整理：赵　菲

新时代铁路客站建造新技术（案例卷）
中铁建工集团有限公司　编
*
中国建筑工业出版社出版、发行（北京海淀三里河路9号）
各地新华书店、建筑书店经销
北京点击世代文化传媒有限公司制版
北京中科印刷有限公司印刷
*
开本：787毫米×1092毫米　1/16　印张：14　字数：328千字
2023年8月第一版　2023年12月第二次印刷
定价：**60.00**元
ISBN 978-7-112-28842-7
（41215）

编委会

主　　编：王玉生　何晔庭

副 主 编：杨　煜　吉明军

编写委员：王　英　吴长路　严　晗　许　慧　蔡文刚　徐洪祥　高群山　钱少波　王　磊　王　斌　王世明　钟世原　吴亚东　张　涛　陶　瑜　张文学　李　鹏

主要参编人员：（按姓氏笔画排序）

丁　辉　王　韧　王　岩　王　凯　王亚民　王志兵　王雷雷
卢　杰　卢　旺　付大伟　吕彦斌　朱　健　朱必成　庄　翔
刘　俊　刘　智　刘建平　齐海燕　许　洋　孙立兵　严心军
苏　帅　苏伍明　李　冰　李　杏　李　凯　李　解　李长裔
李志强　李国栋　李铁东　李益军　杨石杰　杨春生　杨振龙
汪　庆　沈龙飞　宋　筱　张　旭　张　悦　张大祥　张云飞
张超凡　张超甫　张傲雪　张鹏飞　陈邵斌　武向阳　范晓亮
林晓阳　罗　华　瓮雪冬　周科华　庞小军　赵晓娜　种晓晨
皇甫海风　姜海迪　祝佳伍　姚　嫉　姚绪辉　袁卫利　晏祥波
徐成敏　徐陈星　高　和　曹　进　曹玉峰　曹占涛　盛　智
董无穷　董晓青　董燕来　鲍大鑫　解　青　蔡泽栋　熊春乐

序

百余年来，中国铁路从无到有、从探索到突破、从低速到高速、从引进到创造，科技创新推动铁路实现历史性、整体性的重大变化，取得世界瞩目的巨大成就。如今，全国铁路营业里程多达15.5万km以上，其中高铁超过4.2万km，是全球高铁规模最大、速度最快、成网运营场景最丰富的国家。这是科技进步造福人民的重大范例，是人类交通史上的奇迹！

铁路客站如同一个纽带，把铁路与城镇联系在一起，精彩纷呈。中国铁路客站施工技术历经多次迭代更新，取得了长足的发展和进步。如今，广泛运用的标准化、智能化、机械化、工厂化等技术，凝聚着数代铁路客站建设者不懈的追求与创新的智慧！

党的十八大以来，中国国家铁路集团有限公司针对铁路客站建设提出“畅通融合、绿色温馨、经济艺术、智能便捷”的指导方针，建设“精心、精细、精致”精美站房的总体要求，为新时代铁路客站建造技术的发展提供了依据和指南。

贯彻落实中国国家铁路集团有限公司铁路客站建设指导方针与总体要求，铁路客站的建设技术快速高质量发展。客站建筑形体、交通功能、服务功能与城市融合越来越紧密；客站节能、环保等绿色建筑要求得到深入贯彻；室内装饰以人为本，致力于为旅客提供温馨舒适的候车环境；在充分考虑建筑功能实现的基础上，深入结合地域文化、历史文化、城市文化，开展设计创新，展现民族文化自信；深度应用智能化、信息化等技术，为旅客提供现代、快捷、舒适、环保的服务，为客站运营管理提供了高效的技术手段。

近年来，在中国国家铁路集团有限公司和各级建设单位的推动下，建成运营了一批高品质的铁路客站工程。如2017年的厦门站，2018年的千岛湖站、杭州南站，2019年的颍上北站，2020年的南通西站，2021年的平潭站、嘉兴站、雄安站，2022年的北京丰台站、郑州航空港站、杭州西站等，都是在中国国家铁路集团有限公司铁路客站建设指导方针、总体要求下建成的精品客站，为铁路客站建设起到了积极的样板引导作用。

在新时代铁路客站建设中，结合铁路客站多专业、多学科、系统集成的特点，管理技术有了突出的创新。广泛引入绿色建造技术，节能减排降碳成为建设过程中重要的技术发展要求和管理要素；信息技术、数字技术的发展，使建设管理技术集约化的发展成为可能；深入运用基于BIM的物联网技术和综合信息管理技术，使客站建设的高效集成化成为现实；信息技术支持下物联网的发展，为铁路客站发展智慧工地管理提供了技术和设备条件，大幅提升了铁路客站建设的效率和安全性；大型铁路客站建设普遍应用基于大数据、物联网支持的网格化管理方法，促进了建造的标准化、程序化、智慧化，为优质、高效施工提供了技术支持。

已经建成运营的雄安站、北京丰台站、杭州西站、郑州航空港站等特大型高铁客站，在施工技术创新方面成就卓越，代表着中国大型交通综合枢纽建设的高质量、高水平。清河站采用桥建合一结构施工技术，郑州东站、杭州西站采用建构合一预应力结构施工技术等，为高强高性能混凝土结构体系在大型震动交通建筑中的应用，起到了积极的实践意义；北京丰台站是首座高铁、普速双层车场并融合多条地铁的综合交通枢纽，其双层复杂结构体系施工技术、重型钢结构数字化建造全生命周期施工技术的应用，为站场、站房建设再创新起到了良好的借鉴作用；雄安站、郑州航空港站采用大跨装配式清水混凝土结构，具有形态复杂、构件跨度大、体量巨大、清水饰面要求高等特点，大型装配式清水混凝土结构的成功，是中国高铁客站结构施工技术发展的又一个里程碑。

同时，中国的高铁客站在超深全地下车站建造技术、新颖异型站台雨棚施工技术、大跨度大体量钢结构屋盖系统整体提升或累计滑移技术、超大面积屋面系统综合施工技术、装配式结构施工技术、新型复杂幕墙施工技术、营业线施工技术、精品站房装饰装修施工技术等方面，进行了大量的科技研发，为高铁客站施工技术的进步和发展，积累了丰富的经验。

铁路客站建设，全面展现了中国建造、中国智造的能力和水平。展望未来，随着综合性交通枢纽、TOD型交通枢纽的快速发展，“交通综合”“站城融合”和“站城一体化”交通基础设施建设将对城市化、城镇化进程发展起到重要的牵引作用。铁路客站建设将继续在智慧建造与数字化施工、建筑施工智能化、建筑工业化装配化、绿色低碳可持续发展方面，不断创新发展，不仅引领着中国建筑行业的发展趋势，更代表着中国创造走向世界的时代跨越。

本书从铁路客站施工管理、结构施工、装饰施工等方面，比较系统、全面地总结了新时代铁路客站建造所采用的新技术，并采用案例的形式，对铁路客站管理创新、技术创新和呈现效果进行了全面的展示，为中国铁路客站精品工程建设提供了有益的借鉴和参考。

中国工程院院士 何华武

2023 年 8 月

前言

截至2022年底，中国铁路营业里程达到15.5万km以上，其中高铁超过4.2万km。建成世界最大的高速铁路网络，路网覆盖全国99%的20万以上人口城市和81.6%的县，高铁通达94.9%的50万人口以上城市，营业客站已经建成近3000座。

步入新时代，中国国家铁路集团有限公司提出“畅通融合、绿色温馨、经济艺术、智能便捷”的指导方针，建设“精心、精细、精致”的精美站房的总体要求，将中国铁路客站的精品工程事业推进到了一个新的高度。

本书从精品工程的理解与认知、精品工程的实施策划、精品工程的建设标准等方面，全面系统阐述了精品工程建设的流程和管理要求，结合案例对铁路精品客站的建造，进行了详细的介绍和说明。

精品工程的实现，第一要从策划入手，要特别重视铁路客站建造的特殊性，建立全过程的策划体系；要特别重视铁路客站的专业性，建立起多专业的协同优化体系；要特别重视铁路客站的实施组织，进行系统性、专业性的专项策划，加强样板、首件和工艺评定管理和标准化管理；要特别重视过程品质管控，包括结构、机电、装饰装修各个分部工程；要特别重视精品工程的技术要求，如创新性、先进性、适宜性、安全性、艺术性和文化性、精致性；第二要从空间入手，根据站房的不同特点，结合室内初步设计的布局、空间层次、管线布置等，对室内外动线、旅客进出站集散、安检空间、特殊旅客服务空间等，有针对性的进行再次分析和研究；第三要从环境入手，紧紧围绕新时代客站建设指导方针，分别从光线（灯光处理、光线的运用）、色彩（颜色、标识、特殊装饰的色彩）、声音（广播布置、声音穿透力等）、形体（结构、造型、节点）、虚实（光影、质感、比例等）五个方面反复推敲，结合家具备品专项、摆设专项（花架、摆设等）、标识专项、流线引导专项、广告宣传专项等展开设计；第四要从艺术入手，围绕“一站一景”的建站要求，坚持文化自信，深入调研地域文化和城市特征，在既有建筑方案的基础上不断创新和融合，使站房真正融入当地城市，具有一定的独特性，为旅客提供美的享受；第五要从品质入手，系统性地从形态、布局、比例、材质、色彩、细部、光影等方面进行综合研究，要从材料选择、版型分配、比例规划、收口处理、细节装饰等各方面综合考虑，以点带线、以线带面，最终形成整体精美、细部精致的品质效果。

本书用生动、详实的案例对精品工程创建的成果进行了说明。北京丰台站是北京地区大型客站的收官之作，体现“丰收、喜庆、辉煌”的建筑效果；清河站是京张铁路的起点，以“动感雪道、玉带清河”为设计理念，丰富了内部装饰的人文艺术特征，体现出对北京古都风貌的尊重；雄安站是京雄城际最大站房，以“古淀凝珠”为设计理念，清水混凝土结构与现代装饰艺术完美结合；杭州西站是近年来最具代表性的 TOD 枢纽客站，以现代、大气、创新、精致、精细的精品效果，体现“云之城”的设计思想，是国内大型客站引领性的精品佳作；平潭站是祖国大陆距离台湾最近的高铁站，以“海坛千礁 丝路扬帆”为设计主题，立面借鉴传统民居“石头厝”风格，室内以海洋文化为主基调，打造新时代具有浓郁海洋风情的精品客站；哈尔滨站是既有老站房新建，站房内外装饰体现欧美“新艺术运动”风格，是我国客站采用欧洲装饰艺术的代表性作品；嘉兴站是建党百年的精品之作，致力于打造公园里的车站，创立了极简艺术风格在站房内外装饰中的运用；安庆西站以“皖江潮涌，华夏方舟”为设计立意，既传承了地域造船文化，又具有浓厚的传统历史文化特征，兼具丰富的光影效果。

本书包含了中铁建工集团有限公司和中国国家铁路集团有限公司、铁路各建设单位、清华美院、铁四院、同济院、芜湖时代等设计单位多年的创新成就、文化艺术研究和技术总结，同时也参考了国内外部分相关的研究成果和资料。在编写过程中，许多业内同行专家给予了大力支持，并提出宝贵建议，在此一并感谢！

由于经验、水平和能力的局限性，本书难免有一些不足和欠缺，愿与业内外专业人士共同探讨，也请行业内各位专家给予批评指正。

杨　煜　吉明军

2023 年 8 月于北京

目录

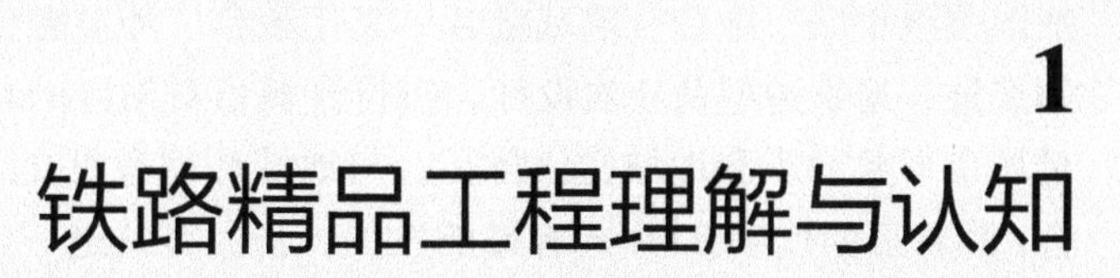

1
铁路精品工程理解与认知

党的十九大报告提出，中国特色社会主义进入新时代，我国社会主要矛盾已经转化为人民日益增长的美好生活需要和不平衡不充分的发展之间的矛盾。顺应新时代的发展需要，国铁集团2019年年度工作会提出了铁路客站“畅通融合、绿色温馨、经济艺术、智能便捷”的指导方针和“优质、智能、绿色、人文、廉洁”的建设要求，倡导精心、精细、精致、精品的建设理念。

广义的铁路精品工程可以理解为规划精品、设计精品、施工精品、科技精品、绿色精品、智能精品、运营精品等，是一个客站建设全生命周期的概念。狭义的精品工程理解，从工程实施的角度，强调其通过精心设计、精心组织、精心施工，形成的功能完善、品质上乘、安全可靠、科技引领、绿色智能、人文艺术、温馨舒适的建筑成果。宏观上来看，具有形体美观、空间适宜、色彩均衡、比例协调、文化内涵的特征；微观上来看，具有施工精细、安装精密、细部精致、节点精心的特征，共同形成精美的建筑作品。

从铁路客站建筑的本身意义进行分析，精品工程首先应是设计精品。建筑师所欲表达的设计思想是整个客站建筑的灵魂，建筑设计思想包括的内容比较广泛，涉及规划、功能、流线、文化、艺术、安全、维护性能等诸多方面，国铁集团“畅通融合、绿色温馨、经济艺术、智能便捷”是精品客站建筑设计的总体指导方针。

在客站规划方面，精品工程应满足“畅通融合”的标准要求，畅通包括但不限于三方面的含义，即进出站畅通、旅客流线畅通、管理流程畅通。具体来说，进出站畅通主要是方便旅客快速进出站，畅通的要素主要是车流与客流，车流包括社会车辆、出租车、公共交通车辆、铁路内部车辆的送站与接站等，以及车站与地铁、航空、水运等其他交通方式的高效衔接。畅通的含义是快速进出，核心要求是防止绕、避免堵、乘车快、标识明确，在此基础上进行科学的送站道路系统、接站道路系统、停车场系统，以及地铁、航空、水运、公交车辆、出租车等系统的道路衔接设计、标识导向系统的设计等；客流的畅通，主要是站区和站内流线，通过明确的建筑导向性设计和标识设计，保证旅客能够在站区或站内能够以最合理、最快速、最便捷的方式进站乘车或离站出行。旅客流线畅通要求根据客流的来源，在站区、站场和站内开展水平和竖向动线分析与研究，保证旅客进出站流线的快速与便捷性，避免客流拥堵或方向冲突。管理流程畅通主要是便于政府和铁路部门进行高效的站区和站内管理，根据车流、客流、消防、应急、反恐、特殊公务等的需要，安排地方政府配套设施和车站管理的各项服务功能，以更合理、快速、明确的功能布置，满足站区管理和服务旅客的需要。融合亦是建筑规划领域的要求，包括但不限于城市融合、地域融合、文化融合、环境融合、交通融合等多种含义。精品客站选址、建筑造型及立面设计，应符合城市对站区的总体发展规划、符合城市定位，满足城市形象要求和地域文化特征，与地域环境有机交融；客站交通应与城市交通有机融合；随着第四代TOD模式客站的发展，精品客站进一步强调与城市功能的融入，强化土地的集约综合利用，满足城市商业、商务、休闲、旅游、消费等多应用场景的融合需要。

从铁路客站作为一个建筑进行分析，设计精品应实现结构精品、建筑精品、功能精品、安全精品四个方面的要求。结构精品实现应满足安全、集约、科学、合理、先进、绿色的有关要求，在地基基础与主体结构设计等方面，满足国家和行业相关规范和标准，在满足性能设计的基础上，实现安全、绿色、环保等方面的科学性和先进性。建筑精品主要体现在外观设计和内部空间设计上，外观设计应满足区域规划、城市形象、地域文化、历史传承、功能布局等方面的要求，内部空间设计在满足功能、安全、服务等的基础上，要具有文化性、艺术性、创新性、系统性、科学性，适度超前，体现“绿色温馨、经济艺术”的总体要求，为旅客提供丰富的候车和出行体验。功能精品主要体现在客站布局的合理性和服务功能的便捷性、智能性上，既要满足旅客出行便捷的需要，也要满足旅客对商业需求、商务需求、候车环境等的需要，同时满足地方政府和铁路部门对车站管理、服务设施的需要。安全是铁路客站管理的核心要求，是精品客站的重要内容，从设计的角度，要对客站的结构、装饰装修、机电安装、消防设施、检修维护、交通安全等进行全方位的研究与思考，确保客站管理和运转过程中系统的安全性。

设计与施工是精品铁路客站建设的一体两面，设计负责建筑与效果呈现，施工负责工程项目的按图完成。精品工程的施工建造，不同于一般性工程的仅仅是按图实施，而是在按图实施的过程中，融入了工匠精神与艺术审美，以及对设计的深度理解与思考，全面深刻地诠释精品客站的设计思想。

精品工程的施工是建立在深刻理解设计思想前提下的具体实践，在多年的具体实施中，积累和形成了精品工程建设的一系列规范流程和实施标准。如深化设计流程、系统整合流程、多专业协调标准等。国铁集团也针对铁路客站建设发布了相关建设标准、细则及实施指南。在具体实践中，精品铁路客站施工要坚持三个必须：一是必须开展精品工程策划，即精品工程的实现必须是全建设周期的活动。精品工程策划涵盖临时设施建设、场地环境布置、施工组织、工期安排、技术措施、机械设备部署、安全防护、绿色施工、质量标准、科技创新、资金配置等方方面面，是实现精品客站全方位的管理保障。二是必须开展全面深化设计。全面深化设计是基础、主体、机电、装饰装修、四电等各系统、各专业的总体整合和深度融合。深化设计要根据建筑、机电设计的总体要求，结合施工现场和施工管理的实际需要，有针对性地实现建筑功能和效果呈现，要根据“畅通融合、绿色温馨、经济艺术、智能便捷”的指导方针，结合文化性、艺术性、功能性，系统地开展工作，深度实践和还原设计理念。三是必须建立精品工程的实现标准。精品工程的实现标准不是仅仅满足国家和行业相关规范，而是从建筑美学、装饰美学的角度，既要完美实现设计思想，又要结合功能需要、安全需要、运营需要、维护需要，综合考虑专业融合、空间比例、色彩搭配、光电应用、声响效果、文化艺术、建材选用等，形成铁路客站建设独有的质量和品质标准。

进入新时代，精品铁路客站建设被赋予了更多的内涵要求和标准，环保、绿色、低碳建筑正在国家政策的推动下全面发展；在建设数字中国的进程中，建筑数字化、信息化、集约化正在精品客站建设中全面展开；随着国家工业化进程的快速发展，建筑工业化、装配化、智能化正在精品客站建设中探索应用。智能化数字化车站的建设，将进一步推动精品铁路客站进入新的时代。

2
精品工程的策划与管理

实践表明，精品工程的建设，必须遵循一定的程序和方法，传统的以施工组织为核心的生产模式，已不能适应现代复杂项目的管理需求。铁路精品站房的建设，需要统筹设计、施工、投资、进度、安全、质量、科技、文化等各种要素，传统项目管理理论，以质量、安全、进度为重心，已经难以完全满足铁路精品客站建设的需要。

2.1 铁路精品工程的策划

由于铁路客站具有环境各异、形态不一、结构复杂、专业众多、品质要求高的特点，以及铁路建设管理的特殊性，参与和影响因素比较多，使铁路客站建设具有强烈的行业特征。解决铁路客站建设区别于传统房屋建筑施工的有效方法，是对每一座站房，根据其建设规模、建筑特征、地理环境、业主管理要求、合同履约要求、精品客站建设要求等，进行有针对性的独立策划。

精品工程策划一般可以分为10个版块。①项目概况分析。主要针对铁路站房的建设管理、建设规模、建筑特征、地理环境、地质状况、建设条件、结构情况、装修标准、工期节点等进行梳理，分析建设单位和监理、设计等相关参与方的管理特征和管理要求，明晰项目整体的管理要素和各项需达成的预期目标。②建设的重难点分析。主要针对项目外围协调、地理地质环境、分阶段工期要求、建筑结构施工难度、资源组织调配等进行分析和研究，明确项目的管理重心所在，为项目施工组织编制和施工程序、施工方法的选择，提供分析依据。③项目管理机构配置。针对每个项目具体的规模和难度，结合建设单位以及国铁集团五部一室、人员配备标准化的要求，组建满足现场施工需要的管理团队。④临时设施的建设和管理。针对铁路站房所处建设环境的不同和工期特点，结合投入的成本因素，采取适宜的建设方案。大临设施如混凝土搅拌站、预制构件厂、大型临时进出场道路、临时桥梁等，需编制独立完整的方案，提供建设单位审批。⑤施工技术方案的分析和论证。主要结合铁路站房建设单位标准要求、工期特点、重难点分析结果，对施工组织方案、施工技术方案、施工措施方案、机械设备配置能力等进行分析论证，综合考量进度、成本、安全、质量、环保等因素，确定最优的技术方案。⑥资源配置和场地部署。结合重难点分析结果、施工组织方案、场地环境等的分析论证，对机械设备配置布局、场内道路部署、临时料场安排、周转材料配置与供应、主体物料的供应安排、劳动力部署、技术工种配置要求等进行全面的策划。⑦进度控制和应急响应。结合工期节点和成本要求，分析论证最佳的关键线路、最合理的进度控制模式，制定不可抗力或者其他不可抗拒因素导致的进度调整、优化的预案，对进度实施动态管理。⑧质量标准和质量管理体系。铁路的质量管理有其特殊性，不仅有建设、监理单位的质量管理，也有行业内的质量监督，部分路地共同管理的项目，地方政府质量监督部门也会参与管理，国铁集团针对工程质量，还有达标评定、红线检查等一系列的监察活动。建设好质量管理体系、制定和完善施工质量标准，对保障项目的顺利建设非常重要；精品工程质量标准的制定，不仅是满足国家和铁路的行业标准，在部分新技术、新材料、新工艺、产品外观和效果方面，还应制定实现精品工程需要的数据检验标准和观感标准。

⑨安全管理和应急预案。铁路客站建设相比路外建设项目，其安全管理范围更为广泛、行业特征更为突出。安全管理内容不仅包括房屋建筑常规的安全管理范畴，也包括围绕铁路安全运行、旅客安全防护等特别的行业要求。营业线和邻营施工安全管理，更是项目管理的核心。⑩成本管控和资金平衡。国铁集团“畅通融合、绿色温馨、经济艺术、智能便捷”的指导方针中，对铁路站房建设的经济性提出了要求，铁路站房施工过程中，必须做好项目的成本分析和管理，严格控制投资，做好项目资金的平衡工作。

杭州西站是湖杭铁路的重要中间站，也是杭州铁路枢纽的重要组成部分，杭州西站在开工前，对该项目进行了全面细致的策划与研究。

（1）项目概况分析：杭州西站总建筑面积 51 万 m^2，项目概况中重点介绍了湖杭铁路杭州西站的建设规模、分场设计、所处地理位置、周边环境、道路交通、周边市政配套、与线路的相互关系、结构设计、建筑设计、工期要求等基本情况，以及建设单位、设计、监理等的管理概况，工程拟实现的各种建设目标等建设要求。

（2）建设的重难点分析：主要针对杭州西站周边所涉及的复杂协调环境、地理地质情况进行了分析；针对分阶段工期节点，进行了重点研判和比较，比较其实施路径的可行性；针对建筑、结构情况进行了分析，研究复杂大基坑桩基施工程序、土方开挖流程、场内道路组织的主要针对性措施；针对上部劲性结构、预应力结构、超高重载模架结构、箱梁结构、重型钢结构、复杂异形钢结构、超大面积幕墙、超大面积混凝土结构跳仓法实施、网格化管理施工组织措施进行了全面的分析和研判，明确该项目的管理难度和重心所在，确定了需采取的特殊工艺、技术和施工方法。

（3）项目管理机构配置：湖杭高铁是浙江省地方政府和国铁集团合资的项目，杭州西站是其组成部分，项目总体委托国铁集团代建实施，故该项目建设管理单位既有代表浙江省的湖杭铁路公司，又有参与投资的杭州市西站枢纽公司，以及代建单位沪昆客运专线公司。根据项目规模和管理的需要，项目施工单位配备了集团级指挥部，代表集团全面履行合同职能，其下组织三个项目分部，其中两个土建分部、一个机电分部分别进行土建、机电安装施工。指挥部在配齐配全五部一室之外，单独配置技术中心、深化设计部，对整体项目实施进行协调管理。

（4）临时设施的建设和管理：杭州西站属于特大型站房工程，参建单位众多，土建工程主要物资需采取先进的供应措施，据此拟建设大临工程，主要有指挥部驻地建设、项目部驻地建设、大型集中数控钢筋加工厂、双线搅拌站、钢结构堆放基地。其中驻地建设需协调地方政府予以配合，钢筋数控加工厂和钢结构堆放基地利用站前场地施工间歇期进行周转，搅拌站采用外租场地解决。

（5）施工技术方案的分析和论证：针对杭州西站特大型规模、特复杂结构特征，编制了系列重点施工方案进行比较和论证，典型的有：超大规模桩基施工组织论证、超大规模土方开挖技术方案论证、独立超大深承台基坑方案论证、地下室结构场内循环道路方案论证、跳仓法施工技术方案论证、劲性钢结构优化及施工方案论证、预应力施工方案论证、群塔布置及重型塔式起重机部署方案论证、高大模架选择及方案论证、临时钢结构栈桥方案论证、高性能预拌混凝土方案论证、屋面钢结构整体提升方案论证、装配式装饰装修体系方案论证等。

（6）资源配置和场地部署：针对杭州西站规模大、场地小、工期极其紧张的特征，开展资源配置和场地部署专项策划。主要根据两个土建分区和机电工程，选择配备适量的劳务队伍、计算劳动力需求；根据进度需要匹配适宜的垂直运输设备；根据设备和照明负荷需求，配备临时电力系统；根据现场生活、生产、消防需求，计算配置循环水系统；根据进度和分区施工的方案，配备足够的周转材料；根据疫情特点，配置足够的场地，满足库房建设和存储材料的需要；根据就近管理的原则，施工现场配备停车和办公设施。

（7）进度控制和应急响应：杭州西站总工期30个月，有效工期26个月，需采取先进的进度控制体系和措施予以完成。进度控制采用先进的智慧网格管理系统，形成大、小流水作业体系，按照一级保一级的工期管理体系实施；根据疫情特点及节假日安排的实际情况，制定合理的应急预案，实行全员封闭管理与实施，将外部环境、天气环境的影响降到最低限度。

（8）质量标准和质量管理体系：大型高铁客站的质量涉及运营安全，要求非常严格。为有效地控制质量，打造引领示范性高铁站房，针对杭州西站各分部分项工程编制了系统的质量管控标准；建立了样板－首件－实体验收的管理程序；组建了管、监分离的质量管理部门；针对精品客站的建设要求，组件了深化设计部牵头的深化设计和现场监管一体化体系。

（9）安全管理和应急预案：特大型工程的安全管理区别于一般中小型建设项目，需建立强力的专职安全部门，配备齐全专业的安全管理干部。杭州西站按照网格化安全管理的方式配备安全管理人员，由点带面地实施安全管控；建立了完善的安全监管体系、针对风险源制定全要素安全防护措施；针对各类突发情况、疫情影响，制定详细的应急预案；采用视频管理、信息化管理的手段和方法，对现场安全实施动态管理。

（10）成本管控和资金平衡：杭州西站施工生产按照投资完成情况进行月度考核。针对大型工程资金占用量大的特点，根据进度计划、资源投入计划、工程款支付情况，按月排定资金计划，由建设单位和施工单位共同筹措短期资金，依法合规地保证项目能够动态滚动生产。

2.2 铁路客站建设协同优化

铁路客站是一个多专业、多学科、多系统的建设项目，铁路客站的设计是由不同的专业、不同的设计单位共同完成，例如站房工程涉及地勘专业、建筑专业、结构专业、幕墙专业、机电专业、客服专业、装饰专业等，部分桥建合一型站房还涉及桥梁专业；站场工程涉及工务专业、电务专业、车务专业、运输专业、客运专业等，学科上涉及路基、桥梁、轨道、信号、电务等。

铁路客站精品工程的建设，必须具有融合各个专业的能力，擅长在施工过程中，提前解决各个专业和学科的设计冲突。要充分重视10个方面的问题：①地基基础和主体结构的设计协同优化，主要是解决专业冲突、节点设计的不合理性。②建筑与结构的协同优化，主要是解决不同专业的设计冲突，减少返工浪费。③建筑与机电的协同优化，机电管线要综合布线，保证建筑空间、形体的完整性。④机电专业自身的协同优化。由于机电工程涉及多个系统，如给水排水、通风空调、强电弱电等，这些专业的管线布局要利用 BIM 技术进行数字化处理，确保建筑空间的完整性和功能实现的可靠性。⑤建筑专业自身的系统优化。建筑屋面与幕墙工程、二次结构与空间功能实现、局部流线的科学性等，都需要对建筑设计进行仔细的研究。⑥装饰与建筑的协同优化。建筑学首先是功能实现的载体，空间美学归于装饰的范畴，施工过程中，要通过深化和优化设计，将装饰美学与建筑功能实现有机地结合起来。 ⑦机电与装饰的协同优化。实现功能所必须的机电系统，如通风空调、动力及照明、给水排水、消防设备、智能化设备等，其管线布局走向、末端点位布置应与装饰效果有机融合。⑧配套设施与建筑装饰的协同优化，配套设施包括客服、信息、广告、商业、座椅、绿植景观等旅客服务功能性设施，其深化设计效果应与建筑装饰效果充分融合。⑨装饰专业自身的协同优化。客站装饰用材、色彩搭配、面饰排板、细部细节、文化表现、构造安全等，需要全面系统的优化，以呈现完美的装饰效果。⑩站场工程与站前专业的协同优化。要保证站台、雨棚限界的符合性，避免设计疏忽、施工不科学导致的沉降、变形，保证站场信息、客服、装饰系统的构造安全，以及装饰、结构、信息、客服等融合后的经济、适用、美观。

2.3 精品工程的实施组织

实现铁路精品客站建设是一个系统工程，在实施的过程中，需要建设、设计、施工、监理等相关参与方的通力配合。铁路客站建设单位的统筹是实现精品工程的前提条件，设计单位对建筑总体效果负责，其建筑作品不仅要满足功能和运营需要，在建筑形态、环境、空间、布局、流线等方面应有显著的创新；监理单位做好质量、安全、标准的总体控制；施工单位对建筑成品负责，按照目标管理的要求，进行全过程的策划、组织全方位的深化，通过规范化的管理、标准化精细化的施工、程序化的操作，实现高标准、高品质、高可靠性、高满意度的精品工程。

开展铁路精品工程建设，必须按照系统性的思维，才能做到全生命周期、无死角地进行；必须遵循规定的程序和动作，才能保证过程实施中的每个环节具有相应的标准。

（1）系统性策划：开展精品工程实施的策划，有别于前述的精品工程项目整体策划，系统性策划主要是实体策划，针对项目实施相关专业的设计系统、单位工程划分后的进一步拆解（按分部、主要工序或主要专业），形成系统策划的拓扑结构图，之后根据该系统结构图确定专业性策划的内容。

（2）专业性策划：专业性策划是系统策划后的下一个步骤，专业性策划解决每个系统、每个分部工程的管理重点、施工标准和检查考核标准问题。如铁路站房所涉及的专业有建筑工程、结构工程、机电工程、电梯工程、装饰装修工程、客服系统、动静态标识系统、智能化系统、绿化系统、广告系统、监控系统、广播系统等；部分专业还需进行进一步的拆解，如建筑专业要拆成外墙（幕墙）、屋面、室外工程等，结构专业要拆成地基基础、主体结构等，有的还需要进一步划分，如主体结构，尚需进一步按专业划分到混凝土结构、预应力结构、钢骨混凝土或型钢混凝土结构等。铁路客站进入后期装饰装修阶段以后，要重点对客服、广告、商业、动静态标识系统、广播系统、监控系统等进行专业性策划。

（3）专项策划：专项策划是对专业性策划的补充。专业性策划解决小系统的问题，专项策划针对其中的特点、难点、重点形成重要的书面性指导文件。例如桩基工程的入岩和沉渣问题，是导致工程承载力不足的主要因素，也是施工操作中最容易忽视的因素，需要进行专项策划；地基基础中深承台的施工，是最容易影响工期、导致安全问题的部位，对此需要进行专项策划，以保证质量、安全和进度；主体结构的节点处理，尤其是梁柱节点部位，钢筋最为密集、钢筋与钢骨柱冲突，这些部位要提前预判，做出专项策划，避免返工；钢结构的焊接，最容易出现焊缝质量问题，要针对焊接设备、工艺、过程、检测做出专项预案，确保焊接一次性检测合格；金属屋面工程，屋脊、檐口，或者天沟部位最易出现渗漏，对该处的构造要进行专项的策划；装饰装修工程的节点、细节，如楼梯、栏杆栏板、柱头柱脚、卫生间、风柱、文化艺术装置、地面石材拼花等影响效果和功能的部分，要进行专项策划，经过评审和确认，方可转入下一步样板和施工环节。

（4）样板管理：样板是确定施工程序和外在标准、视觉观感的重要方法，也是实现精品工程最重要的管理手段之一。主体结构施工阶段，样板解决的是用材、措施和标准的问题；机电安装和装饰装修阶段，样板解决的是设计效果、设计用材、设计缺陷的问题。通过样板的实施和核定、确认，发现产品制造（施工）过程中的缺陷、制成品的设计效果实现度，进一步优化施工或设计方案，保证实现设计意图。样板的实施，既可独立于主体结构之外进行，也可依附于主体结构进行。如主体结构施工中，针对复杂异形结构，可采取场外制作 1∶1 样板模型的方式，确定施工工艺流程和相关的参数（郑州航空港站）；装饰装修中，依附于主体结构，对幕墙、顶棚、墙面、地面、栏杆栏板等进行系统化的样板施工，以检验和确定设计效果的实现度、设计细节的完善度、样板材料的符合度、施工工艺的可行性。

（5）首件管理：首件管理是根据样板实施所确定的建筑材料、工艺流程、产品参数，进行第一次正式施工的检验过程，进一步消除施工过程和产品的缺陷，确定工艺、材料的完全可行性。首件管理可分两种类型，一种是经样板确认后的首件；另一种是无须经过样板确认的首件。首件管理是施工过程中非常重要的管理方法，起到标准核定、确认的作用。如桩基施工，对首桩必须进行首件核查，以确认其设备、过程、防护、文明施工、产品质量是符合设计和规范标准要求的；如对首根柱、首块板、首块屋面、首片墙等的核定，都是确定产品工艺和标准的过程，对稳定后续施工工艺工法、产品质量起到了非常重要的作用。

（6）工艺评定：工艺评定是核定、确认所采取的设备、工艺和工法、流程参数是否满足质量要求最重要的程序之一。铁路客站建设针对部分特别重要、涉及产品安全的工序，特别要求进行工艺评定，如桩基础工程、钢结构焊接工程等。

（7）标准化管理：铁路客站作为一个完整、复杂、多元的建筑综合体，要保持质量标准的稳定性，避免无序和偏差操作，尚须在项目管理、现场管理、施工过程中形成规范的体系，也即管理标准化、现场标准化、过程标准化，这些程序对于保证产品质量至关重要。施工过程、半成品或产品标准在经过工艺评定、样板、首件等的确认后，固化成为操作标准、工艺标准、材料标准、检验标准和验收标准，按这些标准进行施工和管理，形成稳定的质量控制和保证体系，最终形成满足设计和规程、规范标准的产品。

2.4 铁路精品工程的品质管理

所有的建设项目都处于不断的时空变幻、场景变幻、资源调整的动态环境中，铁路客站建设也不例外。受政策变化、业务指导、人员变化、市场变化、不可抗力等诸多因素的影响，铁路客站的建设管理会随时面临着优化和调整，以适应变化的环境。虽然在建设过程中，制定了一系列规范的程序和标准，但这种变化依然会对工程品质的实现产生直接的影响。应对这种影响的有效方法，就是建立稳定的品控和检验程序。这种程序的执行要始终运行在建设过程中，对构成建筑最终形体的所有产品最终质量的形成实施连续、稳定的过程监督，及时调整、及时修正偏差，及时克缺。

铁路客站精品工程的品质管理，可以分三个方面进行总体控制。

（1）土建结构工程：土建结构工程总体执行国家或项目所在地建筑行业标准，涉及高铁运营安全的，设计中要明确所执行的铁路行业相关标准。土建工程的品质管理，除严格执行落实国家和行业标准外，重点是涉及建筑安全和铁路运营安全的部分，要特别予以重视，如桩基工程成桩质量、止水帷幕施工质量、钢筋机械连接质量、预应力埋设和张拉质量、施工缝后浇带连接质量、高性能混凝土配制和浇筑质量、钢结构焊接质量、桥型支座安装质量、回填土分层压实质量、钢材锈蚀防护质量、砌体结构施工质量等。

（2）机电安装工程：机电安装工程总体执行国家、地方及行业标准，涉及铁路客运服务、客运设施的，执行铁路行业标准。消防工程执行国家标准，由地方建设管理部门执行消防审核及验收。涉及铁路运输安全的，执行铁路行业的相关要求，要予以特别重视，如铁路线路正上方应无裸露管线、必须裸露的管线需便于检修、隐蔽管线需考虑检修设施、电梯基坑排水需通畅、空调通风应效果良好、广播声音清晰通透无回音、消防系统运行规范等。

（3）装饰装修工程：装饰装修工程总体执行国家、地方及铁路行业标准，涉及铁路运营安全的，执行铁路技术规程、铁路行业及相关建设管理单位要求。同时装饰装修又有其特殊性，在满足国家相关装修标准的基础上，铁路客站要求更高，体现在“经济艺术、绿色温馨”上。铁路客站的装饰装修成果，第一要满足功能需要，满足行业内的明确要求，如室内外照明的照度和色温、通风空调的送风距离和朝向、自然光的透射和遮阳、风幕的速度与位置、站台的防滑与防飘雨措施等；第二要满足旅客服务需要，如设置必要的商业、服务台、特殊旅客服务区等；第三要满足安全运营需要，针对碰撞伤人、碰撞损坏、防滑、防坠落等有特殊的要求；第四要满足精美的效果需要，色彩、排板、分缝、文化、艺术等有比较高的标准；第五要满足便于维护的需要，针对清洁、防尘、检修、更换等有比较细致的要求。

2.5 精品工程的技术要求

铁路客站建设要深入贯彻“畅通融合、绿色温馨、经济艺术、智能便捷”精品客站建设方针，超前谋划，制定创优规划和精品工程实施方案，明确创优目标和建设主题，积极推进“四化”建设。过程中要综合统筹各个相关专业，要严控工程实体质量，加强内业资料管理，确保内业资料与实体工程进度同步，要积极开展科研课题攻关，不断创新工艺工法，全过程打造精品客站工程。

铁路客站作为服务旅客的公共场所，既要满足客站运输服务的需要，又要满足安全舒适的需要。铁路客站的技术要求，有别于一般的公共空间，主要体现在：

（1）创新性：任何一座车站都是一个独立的、具有地域特征或者地方精神追求的载体，在车站外形、整体造型、室内外空间布局等方面都有其显著的创新性。项目施工时，必须对建筑整体有深刻的了解与理解，才能还原出具有独特精神的客站建筑。

（2）先进性：基于建筑形体的创新性，衍生出施工技术的创新性和先进性，如复杂异型幕墙施工技术、大空间屋盖体系施工技术、大跨度柱网结构体系施工技术等，在施工过程中，都必须结合建筑特点、工期要求、场地环境采取合理、先进的施工技术方案。

（3）适宜性：铁路客站的建设环境复杂，不同专业交叉多，工期节点控制严格，在控制投资和成本的前提下，选择适宜的技术方案非常重要。在多年的客站技术发展中，快拆盘扣架体系、军用便梁技术、无支架反吊顶技术、举臂车施工技术等，得到了快速发展。

（4）安全性：施工技术方案的选择，首先是安全，既有施工期间的操作安全，又有建成投产后的使用安全、运营安全，在精品工程每一个方案的研究制定中，安全是第一考虑的要素，然后才是进度和成本控制。

（5）艺术性：客站建设技术的艺术性是铁路站房独有的特色。近年来、清水混凝土、仿清水混凝土、装饰混凝土、复杂联方网壳结构、裸露钢结构等新型技术不断创新，为施工技术的艺术性赋予了更多的文化和时代色彩。

（6）文化性：精品工程实现的外在表现形式，更多的是站房装饰装修，在装饰装修深化设计、方案优化中，无不体现着“文化自信”的思想。深入挖掘历史和地域传统文化，推陈出新，传承开创，使站房深化设计技术逐渐成为一门待研究的客站装饰美学载体。

（7）精致性：精品工程的成功，建立在“精心、精细、精美”的基础上，在装饰效果确定的基础上，辅以施工的精致感，则成就最好的建筑作品。精致的施工技术，尤其体现在装饰装修的深化设计技术、排板技术、细节处理技术上，给建筑带来唯美的气质。

2.6 南通西站精品工程策划

南通西站坐落于江苏省南通市，总建筑面积 5.2 万 m^2，站场共 4 台 8 线，其中雨棚

3.6 万 m^2，站房 1.6 万 m^2，站型为桥下式，车站地下一层，东西设两个进站口，南北分设进站台通道，北侧设出站通道，中部为三联跨候车空间的布局；地方政府配套建设落客平台、站前广场、地下车库、配套公交车场等设施。工程于 2019 年 4 月开工，2020 年 7 月 1 日开通运营。

南通是历史文化名城，民国时期曾是近代第一城，现代纺织业、建筑业发达，拥有诸多国家级、省市级非遗文化，如蓝印花布、板鹞风筝等。南通西站设计寓意为“江海汇流、鸥翔于海”。站房外形流畅、现代，取意海浪、梭子、广玉兰花、纺织线等造型元素（图 2.6-1）。旅客进站处设置大空间内廊，方便旅客进站，避免风吹雨淋。

图 2.6-1 南通西站实景图

2.6.1 站房主体工程主要策划内容

南通西站是一座典型的桥下站，工期紧张，主体结构的优化主要着眼于狭小场地的快速施工，为后续装饰装修创造条件。

（1）施工组织优化

站房开始施工前，高架线路已经铺架完成。站房施工时存在上下两个关键线路，即：桥下独立站房是一个关键线路；桥上钢结构与两侧侧式站房形成另一个关键线路。针对南通西站施工场地情况限制及工期节点的要求，对该工程下部站房主体和上部钢结构进行专项施工组织和施工工艺优化。

为减小线正下式站房主体结构施工对站房屋盖钢结构吊装（包括全覆盖雨棚钢结构桁架）的影响，站房主体结构合理组织流水作业，加快周转料的周转速度，在降低施工成本的同时，穿插进行屋面钢结构与雨棚钢结构施工（图 2.6-2），节省了大量工期。

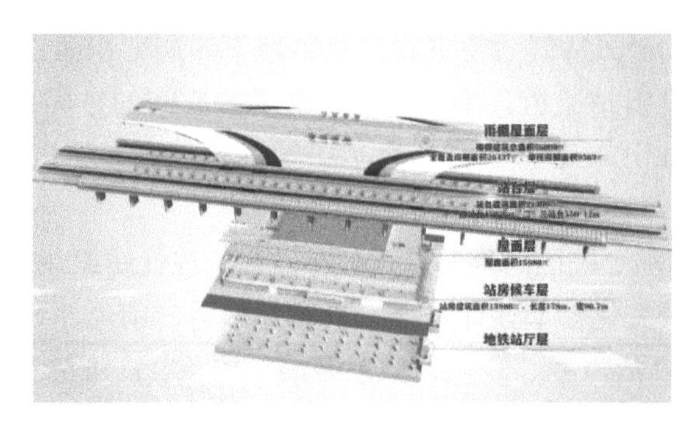

图 2.6-2　南通西站建筑层次爆炸图

全覆盖雨棚钢结构长 361.1m，总跨度 89.3m，总质量共计 4217t，最大单品桁架 50t（图 2.6-3）。针对吊装场地狭小无法进行原位吊装的情况，创新性地采用屋盖钢柱一体滑移施工技术（图 2.6-4）。屋盖钢柱一体滑移首先对钢结构模型进行深化，然后根据受力分析对屋盖桁架和钢柱分单元进行组合拼装，并通过预铺设的 4 条滑移轨道，利用 48 组滑靴提供的动力逐榀累积滑移到位（图 2.6-5、图 2.6-6）。施工过程中运用精确的空间测量定位、精准的同步滑移监测，保证了钢结构安装精确度，挠度变形在控制范围内。该技术解决了大跨度钢结构吊装过程中安全风险大、施工质量难控制的难题。

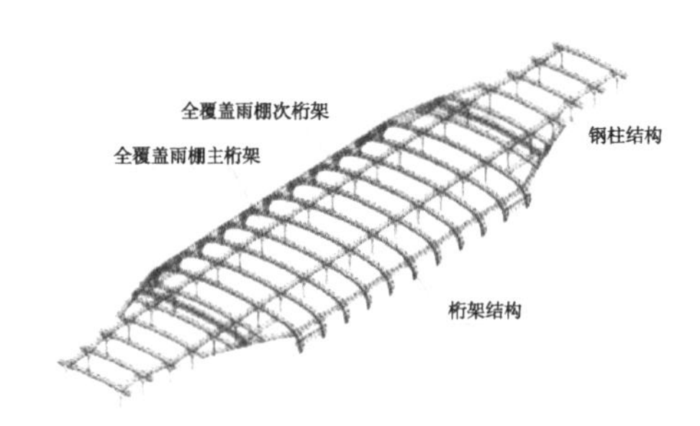

图 2.6-3　全覆盖雨棚钢结构模型

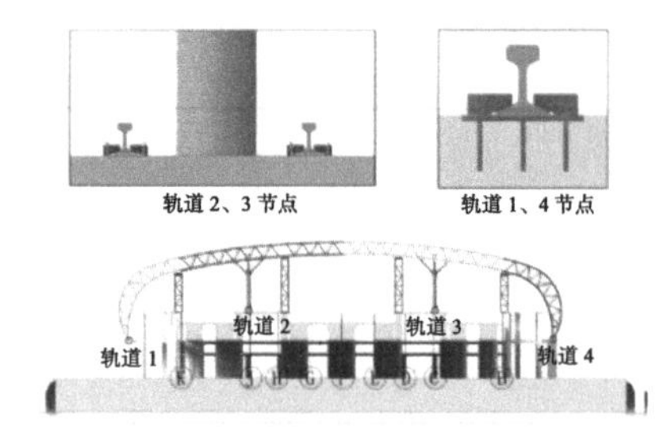

图 2.6-4　全覆盖雨棚钢结构滑移轨道布置

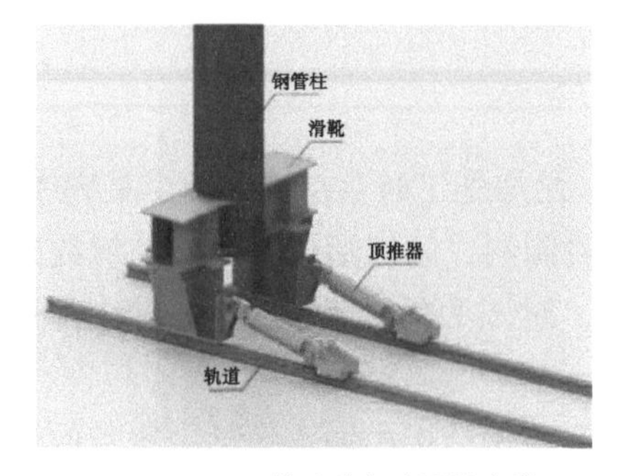

图 2.6-5　柱脚处主动滑靴大样

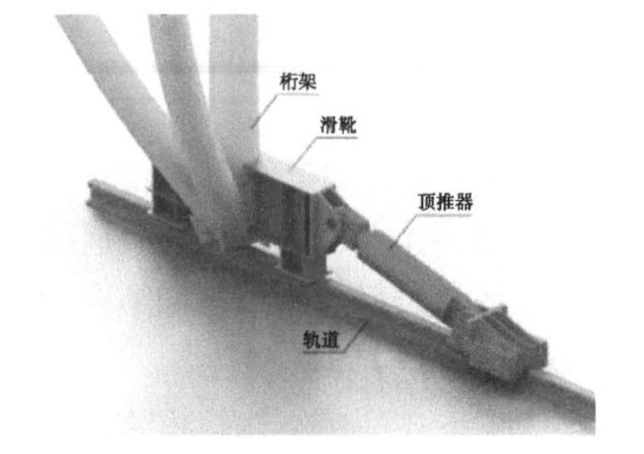

图 2.6-6　拱脚处主动滑靴大样

（2）主体质量策划

主体结构针对混凝土结构、钢结构、砌筑工程进行重点策划。

混凝土结构采用盘扣式支撑架，搭拆快捷，受力性能良好；站台框柱采用定型化钢模一次整浇成型，很好地实现了质量成型效果（图 2.6-7）。

（a）盘扣式支撑架

（b）站台混凝土结构

图 2.6-7　混凝土结构支撑体系

钢结构工程针对焊接材料、焊接形式、焊接方法等进行工艺试验评定，保证钢结构焊接质量（图 2.6-8）；金属屋面施工前进行抗风揭试验，保证屋面板安装牢固，抗风性能优异（图 2.6-9）。

砌体施工时重点控制组砌方法、灰缝质量，保证墙体横平竖直，灰缝砂浆饱满，墙面整洁无污染（图 2.6-10）。

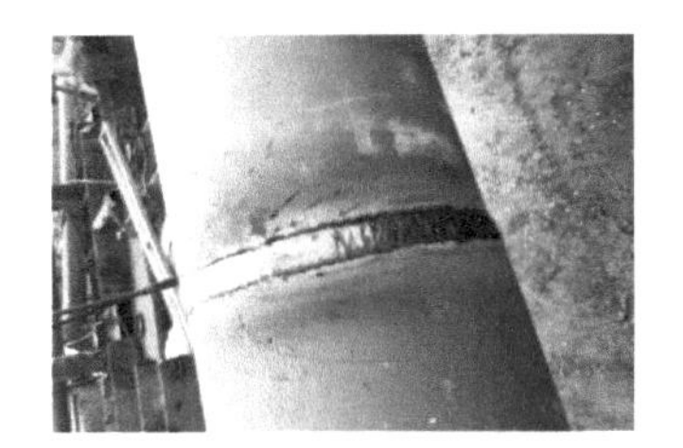

图 2.6-8　钢结构桁架对接焊缝

图 2.6-9　雨棚金属屋面

图 2.6-10　砌体样板施工

2.6.2　装饰装修主要策划内容

（1）平面布局和空间优化

南通西站候车空间位于桥下一层（图 2.6-11），空间低矮、桥墩众多、光线不足。为进一步改善候车环境，对平面布局、空间布局做了进一步的策划和研究。

在候车空间为了彻底隐藏桥梁墩柱，将墩柱做墙面化处理。通过将墩柱以墙面的形式连为一体的做法，将候车室空间一分为三，中间为旅客通道，两侧为候车区域，空间高宽比由 1∶17 调整为 1∶6，弱化超大空间的压抑感（图 2.6-12）。

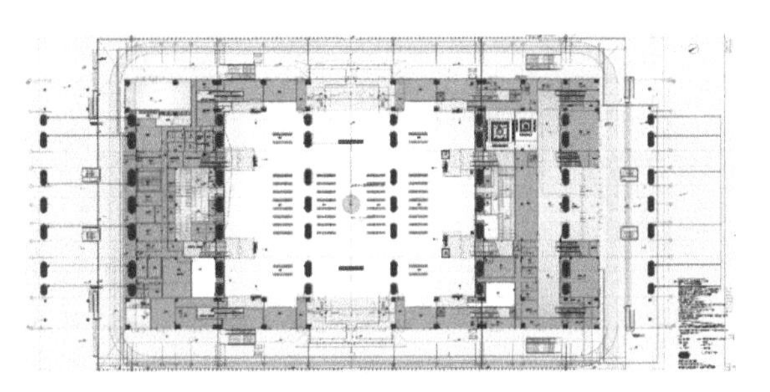

图 2.6-11　南通西站一层建筑平面图

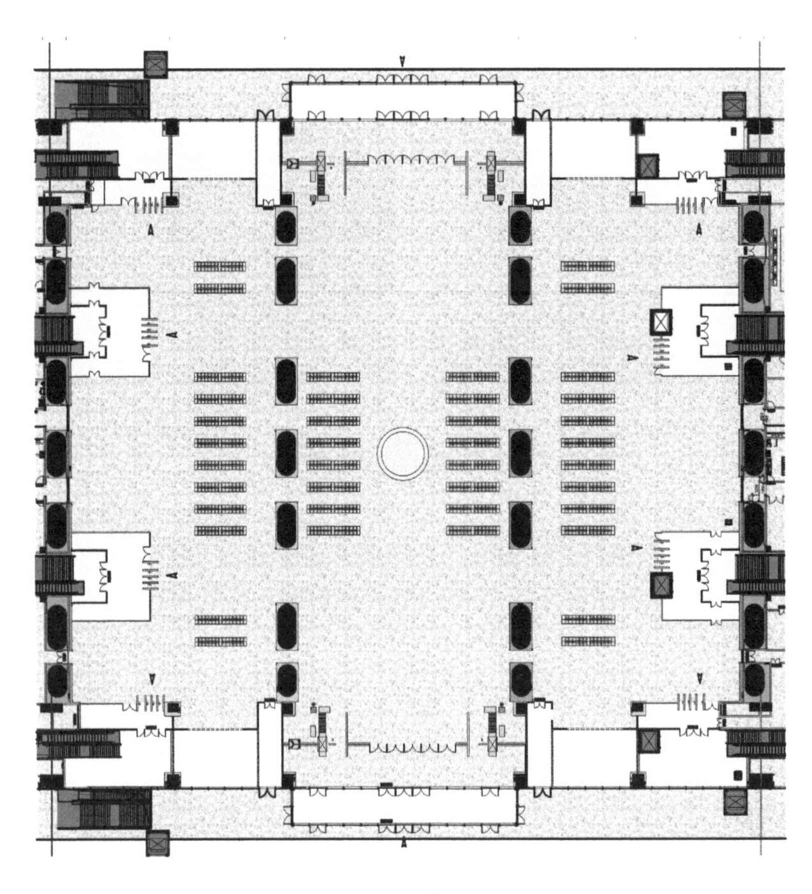

图 2.6-12　优化调整后候车大厅平面布置图

南通西站站房钢梁下净空高度只有 6.1m，桥下站空间低矮压抑。初步设计只进行了简单的包柱化处理条板吊顶，桥墩视觉突兀；车站大屏吊挂中间，墩柱两侧设置空调风口，影响整体视觉效果。优化方案：将墩柱墙面化，墙面装修与吊顶做一体化处理；将中间下吊大屏移至两侧墙面上，提高了整体空间的通透性和协调性（图 2.6-13、图 2.6-14）。

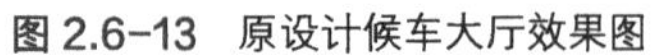

图 2.6-13　原设计候车大厅效果图

图 2.6-14　优化调整后候车大厅效果图

充分利用桥墩的横向宽度，将墙体上大量办公区墙面门改为内缩门洞，延伸站房的横向视觉空间，使整体墙面更为干净整洁（图 2.6-15）。

图 2.6-15 化柱为墙实景图

通过 BIM 优化，空调风管由纵向布局改为横向布局，在主钢梁两侧平行布置风管和侧出风口，提高吊顶空间（图 2.6-16）。

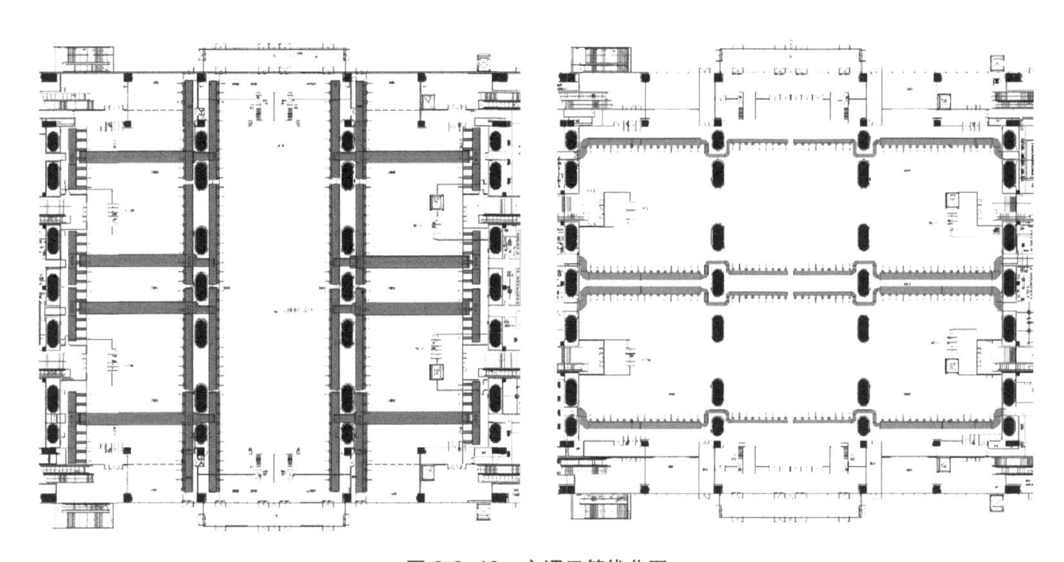

图 2.6-16 空调风管优化图

充分利用主钢梁和屋面板间的高度差，将铝条板吊顶优化为高低错落的铝方通吊顶。吊顶高度由边侧 4.8m 统一提高到 5.85m，中间吊顶局部高度调整到 6.35m（图 2.6-17），墙与顶结合部位采用弧形过渡（图 2.6-18），将吊顶延伸到墙面 1m，墙面虚实对比调整到 1∶5。

洗手间动线优化，调整了布局，缩短了动线，也满足男女蹲位比 1∶2 的要求，隔断间尺寸调整为 1.2m × 1.8m 的新标准要求（图 2.6-19、图 2.6-20），增设中厅、中岛洗手台、化妆台、儿童洗手台，并引入绿植。吊顶采用简约设计，所有功能末端均集中在灯槽内，顶棚干净整洁，增强了空间的温馨感和舒适度。

图 2.6-17　优化吊顶高度提升示意图

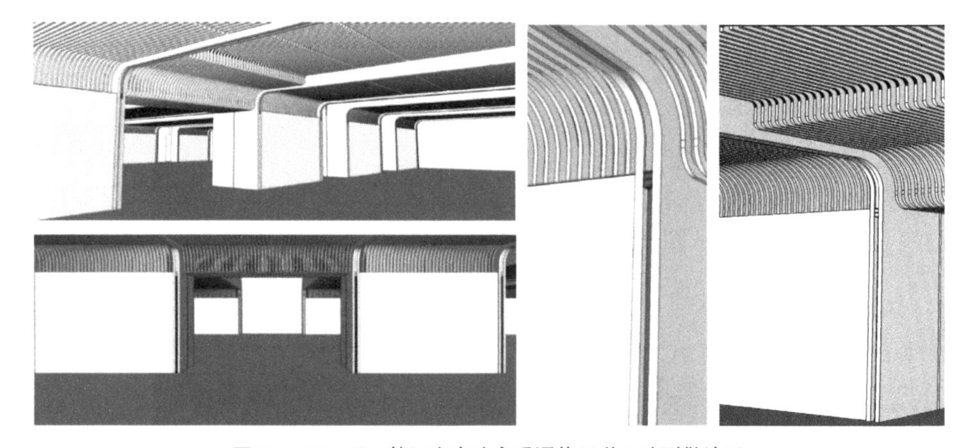

图 2.6-18　风口较原方案改变后调整通道口造型做法图

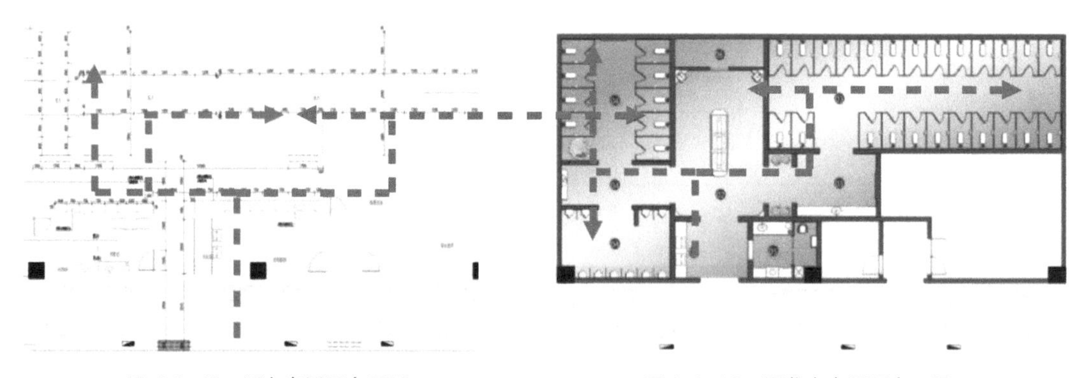

图 2.6-19　原方案平面布置图　　图 2.6-20　深化方案平面布置图

（2）装饰方案优化

充分运用声、光、电、色、影等现代装饰手法，提升站房环境，提高温馨舒适度。初步设计空间效果为整体灰白色，灯光设计为两道平面弧线 + 筒灯（图 2.6-21）。方案优化：吊顶采用铝方通形式，透空空间更多，吸声效果更好；线性灯横向布置，辅以筒灯照明，既丰富了空间效果，又满足了照度要求（图 2.6-22）；主色调采用白蓝配色，丰富空间色彩，解决视觉疲劳；将广告、地方文化等在墙面上统一设计、统一布局，使站房室内空间清爽、干净、整洁；栏杆扶手采用不锈钢包塑扶手（图 2.6-23），消除冰冷感，增加舒适度。

图 2.6-21 候车大厅边跨原设计效果图

图 2.6-22 优化后候车大厅边跨实景图

图 2.6-23 不锈钢包塑扶手节点实景图

出站厅空间将初步设计方案采用的钢板网和条板吊顶，优化为采用铝条板和硅酸钙板吊顶。使用不对称手法，使空间动线更明确、更具动感。墙面广告、文化、标识等统一设计，空间更干净整洁（图 2.6-24、图 2.6-25）。

图 2.6-24 原设计出站通道效果图

图 2.6-25 优化后出站通道效果图

售票厅全面创新设计，采用开放式售票台（图 2.6-26），致力于为旅客提供更加舒适便捷的购票服务。

图 2.6-26 开放式售票台

创新旅客服务设施，为旅客提供便捷服务，响应旅客特殊需求，对12306服务台、两区一室色彩、形式进行了专项设计和优化（图2.6-27、图2.6-28），极大地增加了旅客候车的温馨舒适度。

图 2.6-27　12306服务台

图 2.6-28　重点旅客、军人候车室

洗手间以男女分色创新设计，设置中岛洗手台、中岛或独立小便区、化妆台、专用儿童洗手台等创新做法，引入绿植、墙面创意小景饰品，改善了卫生环境，为旅客提供一种高尚、精美、精致、舒适的卫生空间（图2.6-29）。

（a）一盆一镜

（b）引入绿植

（c）中岛洗手台

（d）儿童洗手台

图 2.6-29　卫生间细节图

外立面优化了幕墙分格，统一了模数，幕墙风口采用板鹞风筝意向的元素，渐变排列，体现波光粼粼之美（图2.6-30）；门斗檐口和门斗内吊顶、地面采用取意板鹞风筝的菱形形态，天地对称，丰富建筑表现（图2.6-31）；落客平台地面跳色渐变处理，改变传统呆板的铺排方式。

图 2.6-30　外幕墙优化布置图

图 2.6-31　进站门斗深化方案

（3）文化艺术表达

融入城市文化底蕴，提升站房文化表现：候车大厅吊顶文化元素的提炼，依托纺织之乡的传统和南通的地域特色，应用南通非遗文化蓝印花布和板鹞风筝元素，创作了“江风海韵”“海安花鼓”“双凤呈祥”三个主题，提升了站房的文化艺术性（图 2.6-32）。

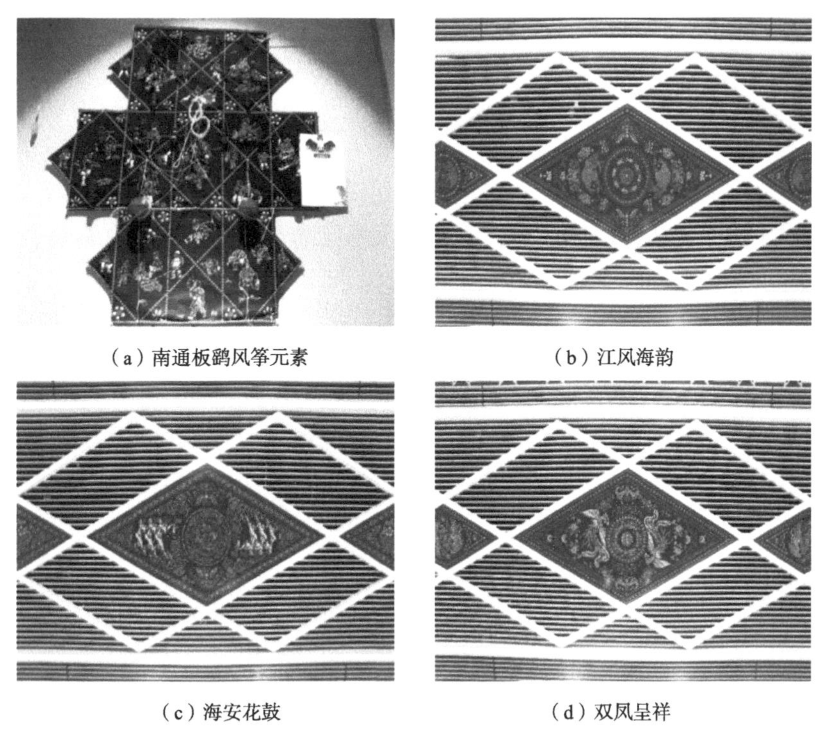

（a）南通板鹞风筝元素　（b）江风海韵

（c）海安花鼓　（d）双凤呈祥

图 2.6-32　文化艺术表达

为消除站房主通道顶部的单调感，增强旅客引导性，创作了背板为灰色的二方连续玉兰花造型。顶部条形风口采用玉兰花蕾图案，下部设置蓝色线条，形成手托玉兰花的寓意，既保证了通风效果，又充满了对美好生活的向往（图 2.6-33、图 2.6-34）。

综合南通历史传统建筑文化，墙面结合充电吧台，以南通濠河景观为主轴，创作了“通城古韵”等两个主题，配以灯箱背光，增强站房的艺术效果（图 2.6-35）。

图 2.6-33　南通市市树——广玉兰元素

图 2.6-34　二方连续玉兰花造型

图 2.6-35　充电吧台实景图

出站厅结合南通地域和历史文化，创作了纺织、公园、交通、教育、模范县、企业、三塔七个卷轴主题图，结合蓝印底色，丰富了出站厅的艺术表现（图 2.6-36、图 2.6-37）。

图 2.6-36　出站厅实景图

进出站楼梯通道，创作了铜板雕刻地域文化主题和铁路经典桥梁壁画，并加设了以南通西站外形为蓝本特别设计的壁灯，避免大长楼梯通道的单调感（图 2.6-38）。

站台雨棚节点采用玉兰花造型钢板，修饰檩托节点；站台栏板雕刻“通江达海”四个篆体字，采用江风海韵的加绢艺术玻璃，提升旅客乘降的文化体验（图 2.6-39、图 2.6-40）。

（4）细部质量标准

在细部节点的处理上，追求简约而不简单，精雕细琢，精工细作。统筹考虑石材、铝板、人造石、瓷砖等材料的性价比，通过创新节点和收口方法来提升建筑品质。

图 2.6-37 南通出站卷轴七图

图 2.6-38 南通进出站楼梯通道

图 2.6-39 站台雨棚节点——玉兰花形连接件

图 2.6-40 艺术雕刻栏板

吊顶施工时重点注意材料拼接，铝板密拼达到无缝的效果；保证铝垂片线条顺直、缝宽均匀。铝板采用刨槽卷边技术工艺，完善背筋设计，使铝板安装平整，达到拼接无缝效果（图 2.6-41）。

（a）吊顶样板施工

（b）铝板分隔节点图

（c）铝板密拼实景图

图 2.6-41　吊顶细部处理

常规石材内墙经过一体化技术处理做到墙面密拼无缝；独立柱根部定制踢脚线，增强美感（图 2.6-42、图 2.6-43）。

图 2.6-42　石材一体化实景图

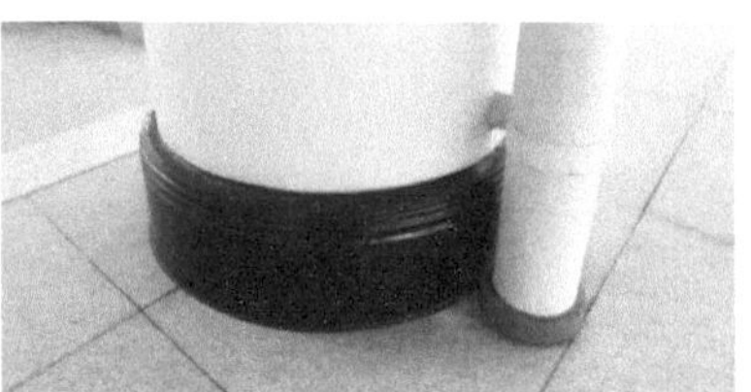
图 2.6-43　站台雨棚柱石材踢脚

墙面抽槽，槽内抛光处理，处理墙面单调感；墙顶收口采用蓝色压条，处理墙顶难以收平问题，与整体空间风格匹配（图 2.6-44、图 2.6-45）。

图 2.6-44　墙面抽槽实景图

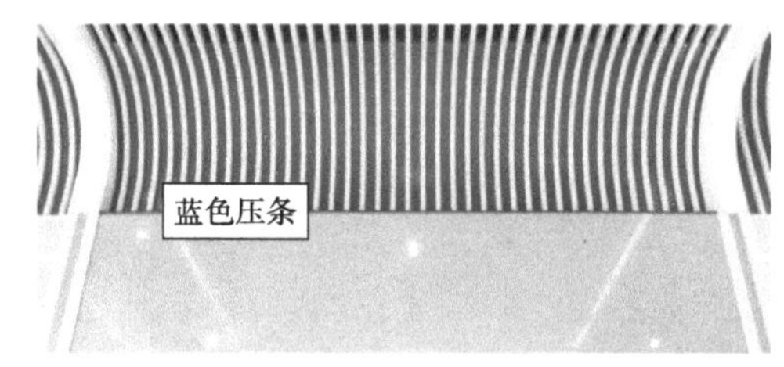

图 2.6-45　墙顶圆弧收口实景图

柱顶收口采用蓝色背板方通格栅，丰富柱面表现；为解决吊顶和幕墙立梃收口难的问题，增设弧形阴角线，精致美观（图 2.6-46、图 2.6-47）。

图 2.6-46　柱头方通实景图

图 2.6-47　弧形阴角线节点实景图

洗手间镜子、门套细节、小便池背景艺术瓷砖，采用收口处理，都力求做到精致、精美（图 2.6-48、图 2.6-49）。

图 2.6-48 洗手间镜子

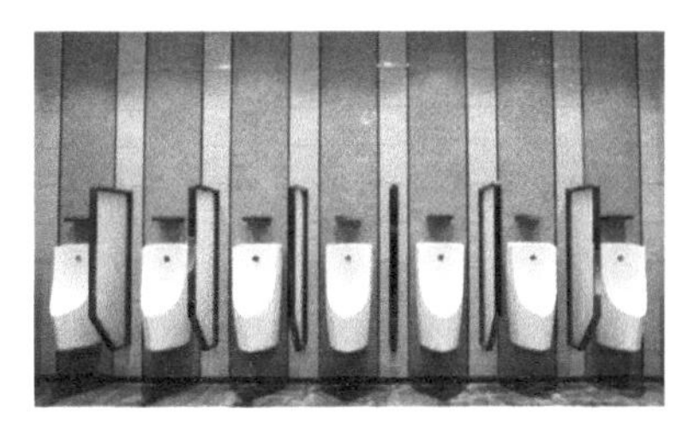
图 2.6-49 小便池背景艺术瓷砖

3
精品工程的实施与效果

铁路客站精品工程，不仅是建筑质量满足或者超越相关标准的规定，更是将建筑美学、大众审美、文化表达、功能服务融为一体的创新型精品。近年来，铁路客站不断创新了一批引领性精品站房，如丰台站、清河站、雄安站、杭州西站、郑州航空港站、哈尔滨站、平潭站、安庆西站和嘉兴站等，尝试着多角度、多风格、多维度的创新，引领着精品站房的不断发展。总结引领性精品站房的特点，具有以下几大总体特征：

1. 建筑空间的进一步深化

要根据站房的不同特点，结合室内初步设计的布局、空间层次、管线布置等，对室内外动线、旅客进出站集散、安检空间、特殊旅客服务空间等，有针对性地进行再次分析和研究。

2. 建筑环境的进一步优化

紧紧围绕“畅通融合、绿色温馨、经济艺术、智能便捷”的新时代客站建设方针，分别从光线（灯光处理，光线的运用）、色彩（颜色，标识，特殊装饰的色彩）、声音（广播布置、声音穿透力等）、形体（结构，造型，节点）、虚实（光影，质感、比例等）五个方面反复推敲；并结合家具备品专项、摆设专项（花架，摆设等）、标识专项、流线引导专项、广告宣传等专项审核设计展开。

3. 装饰艺术的进一步融合

围绕“一站一景”的建站要求，坚定文化自信，深刻调研地域文化和城市发展，在既有建筑方案的基础上不断创新和融合，使站房真正融入当地城市，具有一定的独特性，提供给旅客一种美的欣赏。

4. 装饰品质的进一步提升

装饰品质的提升，是一个系统性的工作，是形态、布局、比例、材质、色彩、细部、质量的综合成果。要从材料选择、版型研究、比例规划、收口处理、细节装饰等方面综合考虑与研究，实现以点带线、以线带面，最终形成整体精美、细节精致的成果。

3.1 丰台站

丰台站是京津冀地区大型客站的收官之作，总建筑面积 73 万 m^2，是国内第一座双层车场布局的大型客站，建筑造型延续北京庄严稳重的建筑风格，室内装饰以“丰收、喜庆、辉煌”为主题，实现了京津冀地区大型客站精品工程新的突破（图 3.1-1 ~ 图 3.1-3）。

1. 指导思想

丰台站在建设过程中，全面贯彻落实习近平总书记关于京津冀协同发展和国家总体部署，加快构建快捷高效交通网、打造绿色交通体系的具体要求，深化落实国铁集团“畅通融合、绿色温馨、经济艺术、智能便捷”铁路客站建设理念，按照精心、精细、精致、精品的理念，在过程中持续高质量高效开展优化设计、专项设计、细部设计等工作，高质量高效率推进创新创优工作，积极开展创新关键技术研究及新技术应用，倾力打造成具有国际影响力的精品、智能、绿色、人文工程和示范工程。

图 3.1-1 丰台站鸟瞰效果图

图 3.1-2 北京丰台站剖透效果图

图 3.1-3 北京丰台站夜景实景图

2. 构建精品工程管控体系

丰台站成立以指挥长为组长的创建精品客站的领导小组，并在过程中进行动态调整，领导小组在过程中坚持创新引领，坚持目标导向、问题导向、结果导向相结合，细化创建精品工程实施方案，把精品、智能、绿色、人文工程等各项重点工作落到实处。在装饰阶段动态调整精品工程领导小组，确定职责并下设四个分组进行精品工程管理。精品工程领导小组负责总体策划及协调，确保工程创优所需人力、物力、财力资源的配备，组织进行装饰工程的优化和深化设计，与相关部门对接并取得相关方对深化方案的认可；密切关注工程创优进展情况，及时与上级部门或者地方主管部门进行沟通，根据现场实施情况及相关要求及时做出相应的决策。

3. 过程策划与统筹实施

丰台站项目在开工时就确立了各项创优目标，编制了《精品工程实施方案》《创优策划方案》《质量计划》《科技创新管理策划》等，并在过程中进行动态调整。

提前策划推进深化设计工作，根据设计理念和运维要求，提前谋划推进深化工作，按照先进、可靠、成熟、经济、必须的原则，集建设单位、设计单位及其他相关单位专家的意见，开展动态深化设计、完善优化设计。从建筑艺术、文化内涵、选材用材、空间环境、视觉效果、细部节点等方面持续深化优化。

在深化设计前，提前制定深化设计的原则和标准，建立深化设计研讨和专家评审机制，充分吸取各方意见和建议。通过召开专题研讨会、制作实体样板、使用 BIM 技术等多种手段进行管线综合和装饰深化，力求同时满足使用功能和外观效果，为现场精细化施工打下了良好的基础。

4. 优化、深化装饰工程设计

铁路客站装饰精品实现的前提是结合工程实际特点，开展有针对性的深化设计，并根据现场实际情况开展设计优化。丰台站建设是一项复杂系统工程，需要多方参与共同打造。根据国铁集团党组的要求，丰台站的装修主题为“丰收、喜庆、辉煌”，打造京津冀地区高铁车站集大成的收官之作，其优化方向是：一是针对双层车场特点，遵循建筑装修设计逻辑和语言，保持建筑整体风格协调统一；二是统筹使用功能和审美功能，实现经济、艺术、技术的有机融合；三是融入中国传统文化、铁路文化和地域文化，提高丰台站的审美韵味和文化品位；四是以人为本，营造绿色温馨的候车空间。

（1）充分体现传统的建筑整体形态与北京地方特色

丰台站位于北京市丰台区，丰台地区古为金朝的拜郊台，位于金中都城丰宜门外。站房建筑充分吸收中国传统建筑的文化特点与北京地方特色，无论是建筑形态还是室内装饰，均遵循传统的文化理念，契合中国传统建筑的处理手法。建筑外立面充分展现中国传统建筑的整体形态，以三段式的布局形式呼应中国传统建筑布局，将建筑充分融入城市周边环境（图 3.1-4）。

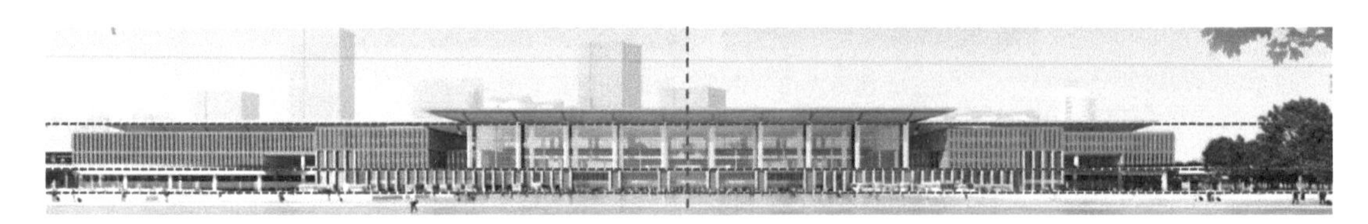

图 3.1-4　丰台站外立面

（2）通过现代的处理手法与材料应用，体现车站建筑“工业风”的特点

丰台站作为京津冀地区大型客站的收官之作，代表我国高速铁路蓬勃发展的生机与成果。因此通过现代简约的处理手法与诸如钢结构、玻璃幕墙、陶板、ETFE 膜等现代材料的应用（图 3.1-5、图 3.1-6），充分体现当代“工业风”的整体风格，同时以传统建

图 3.1-5　外立面陶板、金属、玻璃幕墙与金属挑檐

图 3.1-6　室内陶板墙面、铝板吊顶及白麻石材地面

筑的整体形态为指导，充分做到古韵新风，传统与现代相互交融。外立面设计结合不同使用功能，采取相近的设计语言，实现与功能相匹配的立面整体效果，在整体大气连贯的基础上，赋予其功能性、实用性。

（3）简化装饰装修、展现结构之美，以严谨的结构逻辑处理双层车场丰富的建筑空间形态与功能的复合特征，做到空间的变化与统一

丰台站是我国首座采用高速、普速客运车场双层重叠布置的大型客站（图 3.1-7 ~ 图 3.1-11）。室内外空间形态丰富，建筑空间中既存在挑高的中央光廊，又存在平整的候车区域;既存在火车运行的动态空间,又存在旅客候车的静态空间。暴露结构的处理方式，使得丰富的空间形态具有统一的视觉感受，做到建筑空间的变化与统一。

图 3.1-7 高速车场

图 3.1-8 中央光庭

图 3.1-9 高架候车厅

图 3.1-10 普速站台层

图 3.1-11　地下室城市通廊

做好建筑的设计延伸，通过家具小品、四区一室、绿植、动静态标识等设计，强化文化设计理念，丰富建筑空间效果，实现区域划分，增强方向引导（图 3.1-12 ~图 3.1-14）。

图 3.1-12　卫生间

图 3.1-13　母婴候车室

图 3.1-14 儿童活动区

5. 广泛开展工艺工法优化

（1）顶棚整体优化

候车厅吊顶方案优化：候车厅吊顶藻井原方案为白色内嵌式平板造型，优化后改为小麦金色叠级造型，并将灯带下移营造丰富的空间感（图 3.1-15、图 3.1-16）。吊顶分隔缝由深灰色改为小麦金色，并在深化过程中，对各部分节点进行优化，确保最终完成效果。

图 3.1-15 优化前吊顶藻井方案

图 3.1-16 优化后吊顶藻井方案

叠级吊顶节点优化：叠级铝板与垂片交接处采用 50mm × 65mm 凹槽收边；叠级藻井采用 235mm × 100mm 折型铝板，四角交接拼缝位置铝板刨槽处理，刨槽厚度 1.2mm，确保拼缝顺直。垂片吊顶分隔缝处采用 1.0mm 定制铝插芯，提升分隔缝顺直度及稳定性；灯带吊杆除穿线处采用直径 20mm 的金属管外，其余采用细链进行吊挂。垂片之间每隔 5m 采用 50mm × 65mm 凹槽分隔，避免因垂片跨度过长导致变形；垂片与幕墙交接时，垂片插入幕墙 130mm 进行收口，使垂片与幕墙交接处外观顺直（图 3.1-17）。

叠级铝板与垂片交接处采用 50mm × 65mm 凹槽收边（图 3.1-18 ~图 3.1-20）。

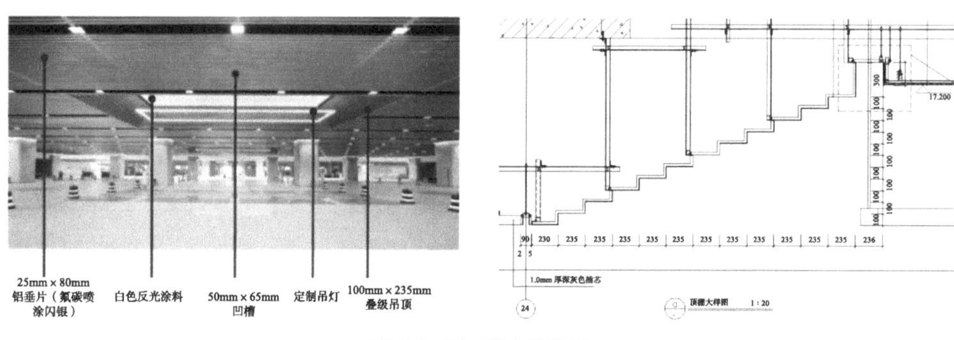

图 3.1-17　藻井构造图

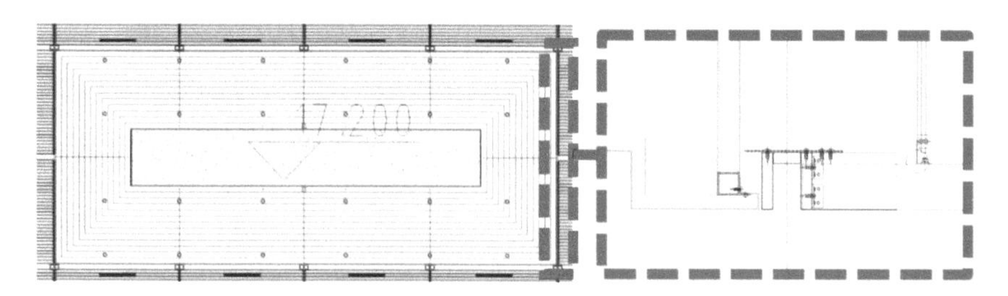

图 3.1-18　藻井顶棚收口处理

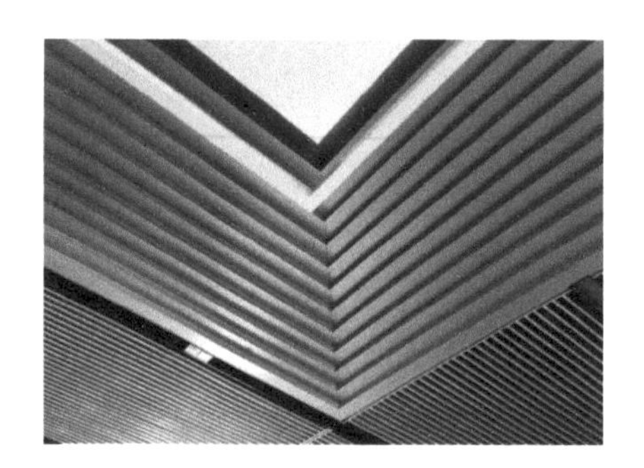

图 3.1-19　藻井拼缝细部节点

图 3.1-20　格栅拼缝及与幕墙交接细部处理

顶棚照明灯具排布：照明灯具放置于顶棚灯槽内，按照梅花状排布，灯具与灯具间距 5025mm（图 3.1-21）。

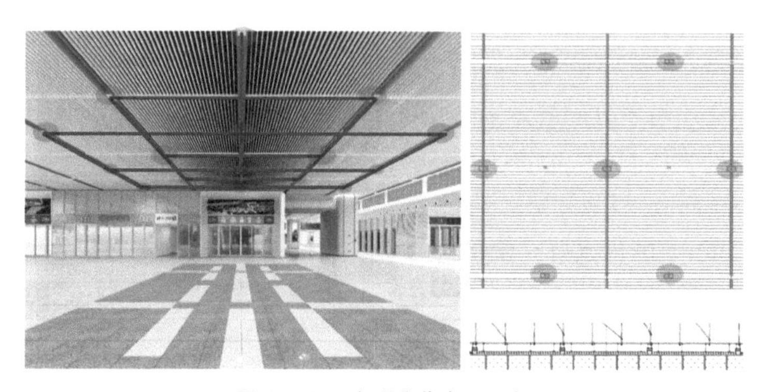

图 3.1-21　灯具点位布置示意

（2）高架车场顶棚方案深化

高架车场顶棚原为金属波浪板，优化为金属条板。整体造型简约大气，凸显工业风格的秩序感。灯带位置优化为小麦金色，与站内风格统一且增加了变化（图 3.1-22、图 3.1-23）。

图 3.1-22　优化前波纹板

图 3.1-23　优化后条板

条板经多个方案对比，最终采用 150mm × 30mm 条板，间距 80mm，所有条板与内部钢龙骨均采用螺钉固定，确保既有线安全，由下至上第六块条板为检修板，可进行拆卸。空隙处加冲孔 7024 灰色 150mm × 30mm × 1.2mm 衬板。施工过程精准控制条板间 5mm 离缝，在保证拼缝垂直度的同时，实现灯具与面层分格的统一（图 3.1-24、图 3.1-25）。

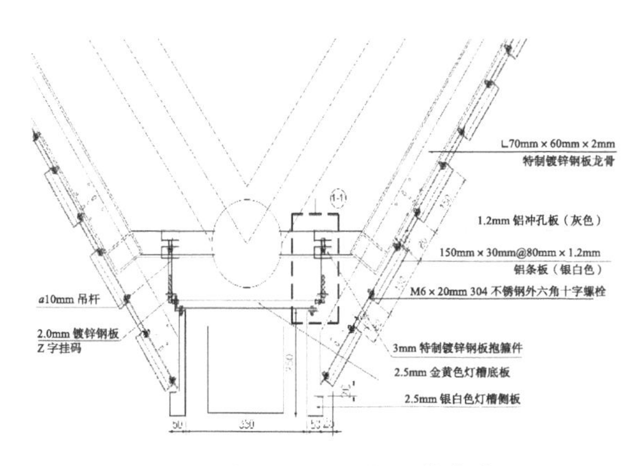

图 3.1-24　屋面顶棚构造图

图 3.1-25　屋面拼缝细部图

（3）南北进站厅顶棚方案提升

优化吊顶节点，103mm × 140mm 折型穿孔铝板贴合屋面钢结构做倒三角形，采用暗藏式防脱自攻螺钉固定，保证吊顶安全性，在地面装配后整体吊装，减少变形，整体造型简洁大方，结合屋面采光天窗形成独特韵律。灯槽尺寸为 350mm × 250mm，原设计为 7043 黑色，优化后改为小麦金色，与整站颜色相统一（图 3.1-26）。

图 3.1-26　南北进站大厅顶棚

（4）地下室藻井顶棚工艺优化

为丰富地下快速进站厅的吊顶造型，在快速进站厅设置了七个叠级吊顶，造型与高架候车厅一致，但是难度在于高架候车厅藻井吊顶总高度为1300mm，而该部位叠级总高度为150mm。经过多次优化，采用“U”形折板式方通替代常规的铝折板，宽度为155mm，间距25mm，高度由150mm开始以10mm逐级递减，层次分明，造型立体（图3.1-27、图3.1-28）。并采取多种措施确保叠级效果：在制作骨架时在四个角增加四条单独的斜拉龙骨，该龙骨作为斜角拼角的度量尺，也固定45°拼角的拼角挂片，既起到固定作用，又起到校核作用（红色线条）。

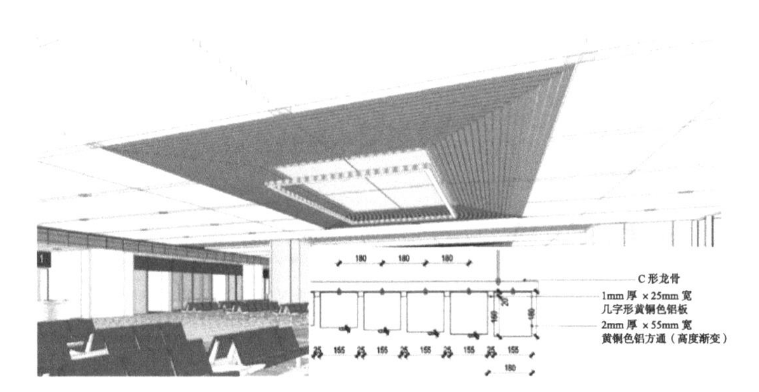

图 3.1-27　藻井顶棚模型

图 3.1-28　藻井顶棚实景

藻井拼角骨架节点见图 3.1-29。

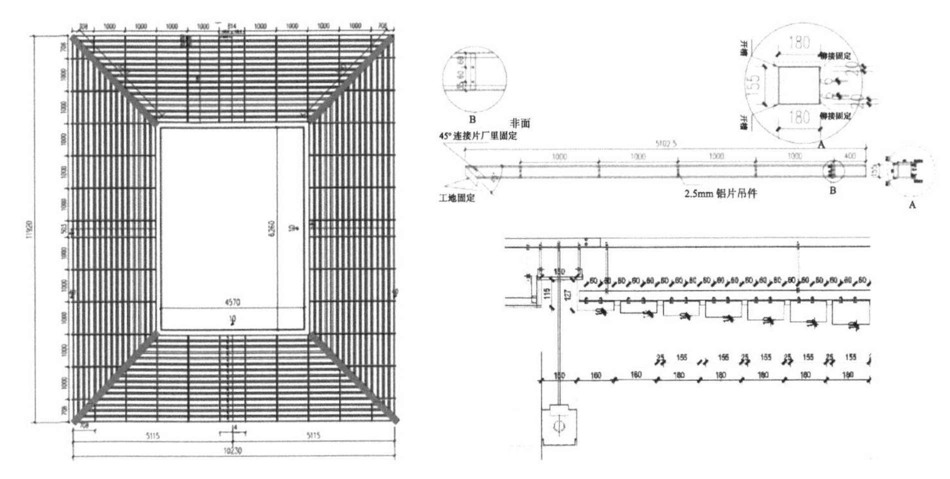

图 3.1-29 藻井拼角骨架节点

藻井拼角节点见图 3.1-30。

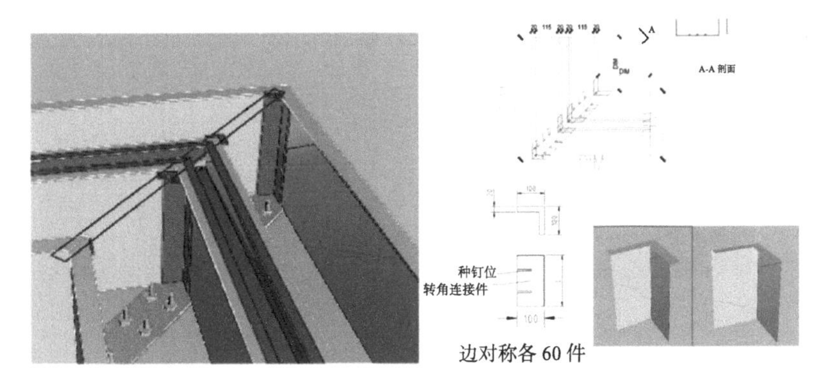

图 3.1-30 藻井拼角节点

（5）地下室吊顶 Z 形龙骨

做法：垂片吊顶采用Z形龙骨，不仅实现了吊顶栓接，同时提升了吊顶观感（图 3.1-31）。

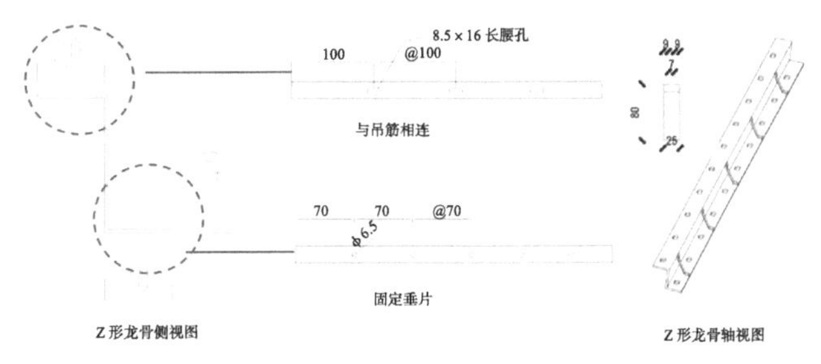

图 3.1-31 Z 形龙骨节点

Z 形龙骨连接节点见图 3.1-32。

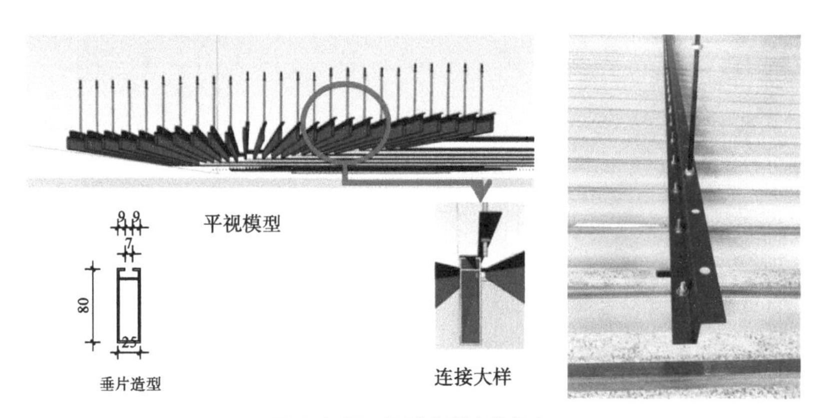

图 3.1-32　Z 形龙骨连接节点

（6）地下室吊顶几字形过渡条

吊顶疏密相接区域采用 2.5mm 铝板几字形过渡条，垂片搭接 10mm，既可控制垂片长度误差带来的缝隙不匀，又能提升吊顶层次。局部放大模型见图 3.1-33。

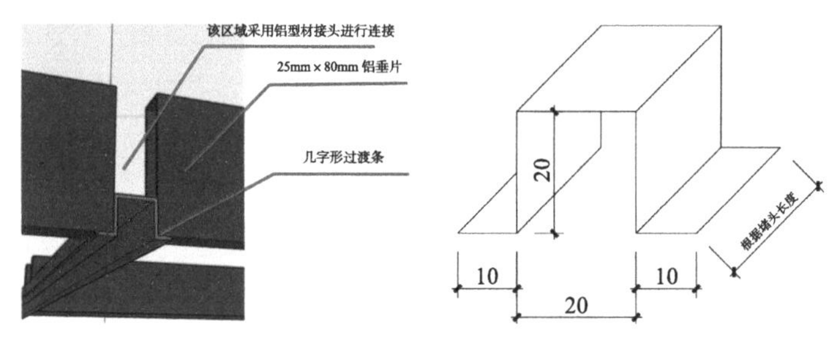

图 3.1-33　局部放大模型

独立柱俯视、仰视模型见图 3.1-34。

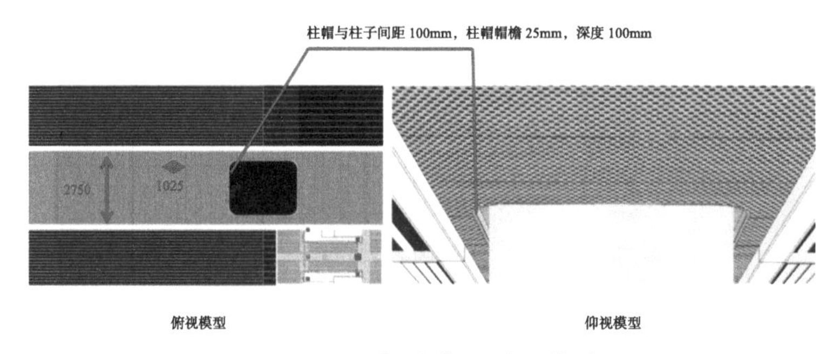

图 3.1-34　独立柱俯视、仰视模型

为提高柱帽与周围冲孔板贴合度，减少由于冲孔板局部不平导致的留缝，将柱帽的折边调整为 25mm，实际效果见图 3.1-35。

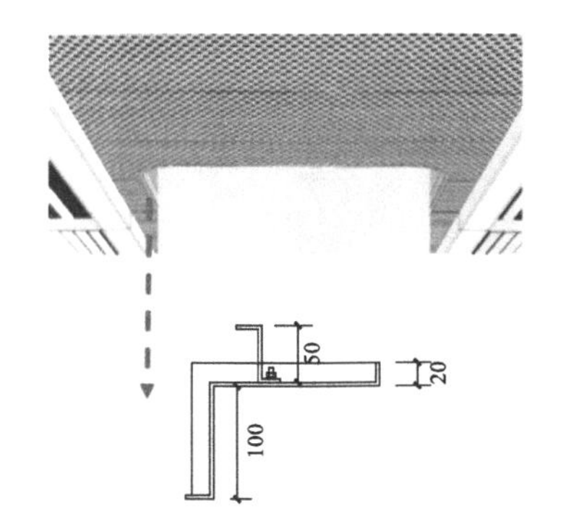

图 3.1-35 实际效果

吊顶穿孔板与独立柱、垂片剖面关系见图 3.1-36，搭接 10mm，避免两者平接导致顶面不顺直，进一步提升观感效果。

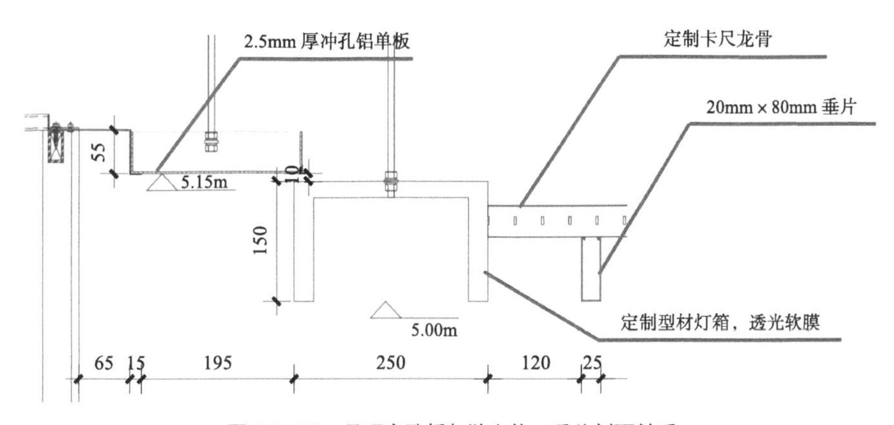

图 3.1-36 吊顶穿孔板与独立柱、垂片剖面关系

吊顶穿孔板背面粘贴无纺布：为提升冲孔板平整度，采用 40mm × 40mm 方管，6 系槽铝作为背肋，栓钉固定间距为 350mm，端部为双栓钉固定，同时对整个冲孔板背衬无纺布，解决冲孔可视性问题。

（7）地面整体优化

1）候车厅地面施工图优化

候车厅地面以 1025mm × 500mm 模数白麻花岗石作为主要铺装形式，其中在每个进站口以及顶棚藻井下方相对应处设置独属于丰台站的“丰”字纹拼花，主要采用白麻与灰麻拼贴而成。整体地面分缝严谨，与进站口及幕墙立柱全部采用对中、对缝排布，使每条缝隙都有意义可言，体现了建筑追求完美的秩序感（图 3.1-37）。

2）高速站台地面及站台优化

经多次比选及优化，地面铺装采用火烧水洗面白麻石材，以 600mm × 1100mm 为主，十字缝拼贴；其中 1200mm × 600mm 及局部 600mm × 1100mm 采用灰麻花岗石（图 3.1-38）。站台侧壁由浅灰色改为深灰色涂料，站台帽石边缘由浅灰色优化为橘红色涂料。

图 3.1-37　候车厅地面实景

图 3.1-38　高速站台地面实景图

3）高速站台地面光导细节展示

优化导光管施工细节，更改为与石材宽度相同的定制尺寸（图 3.1-39）。

（a）优化前

（b）优化后

图 3.1-39　地面光导管优化前后

4）南北进站厅地面装饰效果方案提升

南北进站厅地面采用 1025mm × 500mm 白麻花岗石整体铺贴，其中围绕安检仪位置设置地毯式“丰”字形灰色白麻花岗石，“丰”字纹样作为丰台站独有纹样，其表达形式贯穿于整个站房；在整体中寻求变化，加入“丰”字纹样的地面使整体空间不至于呆板。

在图案的设置过程中，尝试不同尺寸对比，最终确定为 16m × 9m 单一图案尺寸在空间中最为协调（图 3.1-40、图 3.1-41）。

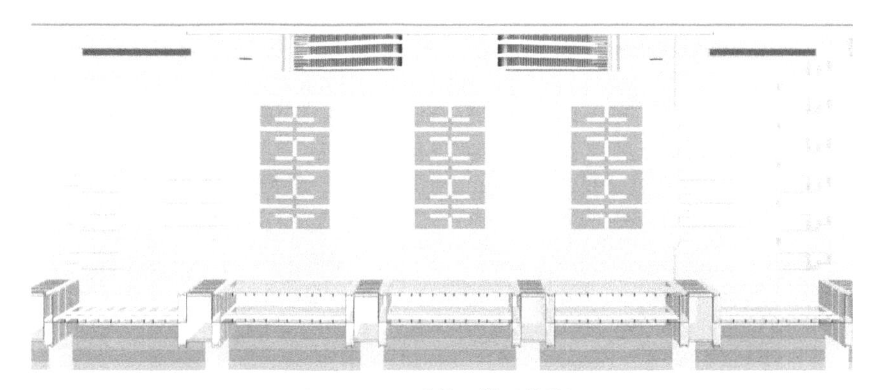

图 3.1-40　进站厅地面效果图

图 3.1-41　进站厅地面实景图

（8）墙面装饰优化

1）候车厅中央光庭幕墙深化设计及细部节点处理

中央光庭作为建筑中最具特色的室内空间，区分于周边候车区域高挑的空间感受、透过幕墙与高速车场通透的视觉感受，充分体现建筑丰富的空间形态特征，在深化设计过程中对中央光庭进行了多次优化。

中央光庭陶板优化方案：三色灰色陶板颜色调整为三色小麦金色，陶板的尺寸由单一的 200mm 宽调整为 200mm、400mm、600mm 间隔布置，并在每一处与上部幕墙连系处增设铝合金分隔增加节奏感；陶板幕墙设置竖向“20+20+20”铝合金型材装饰条，装饰条内衬黑色装饰片，增强陶板幕墙的层次感；陶板幕墙与背漆玻璃幕墙交界处设置 690mm 高、2.5mm 厚铝单板，凹槽内置暖色灯带，夜间暖色与陶板遥相呼应（图 3.1-42、图 3.1-43）。陶板与玻璃对缝严谨，球形风口设置到玻璃缝隙中间。陶板厚度为 22mm，采用阳极氧化铝合金挂件固定，离缝 10mm。由于陶板幕墙及玻璃幕墙处于高速车场旁侧，安装时须考虑减振措施。

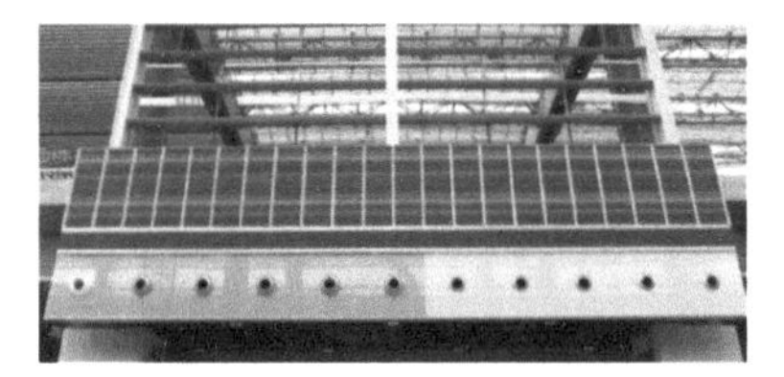
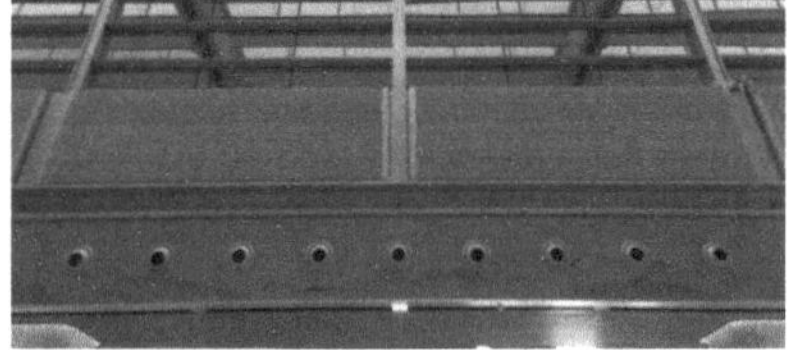

图 3.1-42　优化前、后中央光庭陶板方案

图 3.1-43　光庭实景

陶板与陶板之间采用银白色铝合金装饰 C 形槽分隔。陶板厚度为 22mm，采用阳极氧化铝合金挂件固定，离缝 10mm。光庭陶板幕墙细节见图 3.1-44。

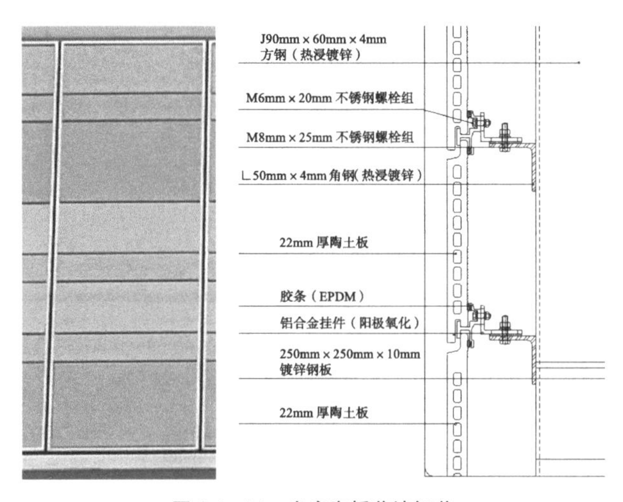

图 3.1-44　光庭陶板幕墙细节

中央光庭百米玻璃的深化设计：经过多次方案讨论及优化，最终确定中央光庭背漆玻璃装饰方案运用 3D 打印技术设置百米画卷。287m 长的画卷采用传统水墨画与现代建筑相结合的散点透视手法，取材北京山峦起伏的地形地貌（其中包括灵山、八达岭长城、香山、玉泉山、百望山），将北京最具代表性的建筑（北京站、北京西站、北京南站、清河站、朝阳站、丰台站、国家大剧院、国家体育场、中信大厦、中央电视塔）和古都北

京名胜古迹地标（卢沟桥、天坛、箭楼、白塔寺、鼓楼、圆明园、国子监、天安门、长城、颐和园）建筑嵌于其中，在呈现北京时代变迁与中国铁路飞速发展盛世的同时，切合“丰”之古意新解，呼应中央光庭处地面石材的“丰”字拼图造型，与车站总体设计构思一脉相承，形成建筑文化元素与艺术表达的统一，寓意盛世太平（图 3.1-45）。

图 3.1-45 光庭幕墙效果图

2）陶板墙面细部优化墙面踢脚线

丰台站精品工程要求高，陶板为烧制材料，成品误差较大。室内陶板墙在拼缝、阳角和踢脚部位做了多次优化，形成以下做法：

踢脚板优化：陶板下部 200mm 踢脚线，采用 1.2mm 厚不锈钢材质、磁吸固定的方式装配式安装；通过增加背衬板的形式提升接缝平直度；踢脚线上口内退陶板 10mm，避免突出墙面伤人；磁铁采用 30mm × 5mm 强磁，工作温度小于 80℃，强磁吸力不小于 10kg，间距为 700mm，每处上下两块（图 3.1-46 ~图 3.1-48）。

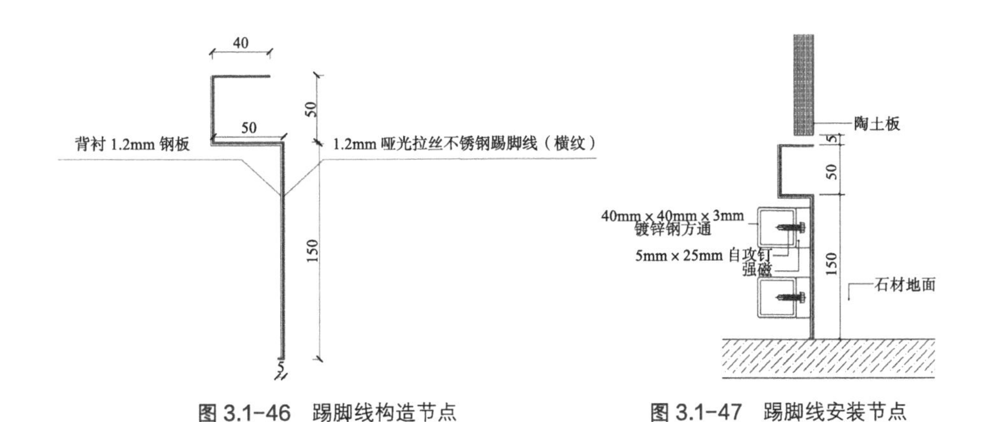

图 3.1-46 踢脚线构造节点　　图 3.1-47 踢脚线安装节点

图 3.1-48　墙面踢脚线安装完毕后效果

3）墙面陶板接缝及阳角处理

陶板竖向接缝采用 17mm 宽嵌条，折边 2mm，既增加了陶板分割立体感，又能提升陶板拼缝观感质量。陶板阳角条采用 Y 形条，压边 2mm，提升阳角拼角质量（图 3.1-49、图 3.1-50）。

图 3.1-49　陶板嵌条节点

图 3.1-50　陶板阳角条照片

（9）柱子的优化

候车厅仿清水独立柱优化见图 3.1-51 ~图 3.1-53。

柱头凹槽为和格栅条板相对应，采用深度为 100mm 的定制金属凹槽，每个凹槽根据条板与柱子的关系进行定制加工，暗藏灯带，简洁大方。

柱面嵌入 25mm × 20mm 铜色闪银金属凹槽，增强线条感，简洁而挺拔。

柱脚设置 100mm 高铜色不锈钢踢脚，防止柱脚磕碰，内凹 20mm 处理，不易落灰，方便清洁。

图 3.1-51　仿清水独立柱柱头柱脚优化

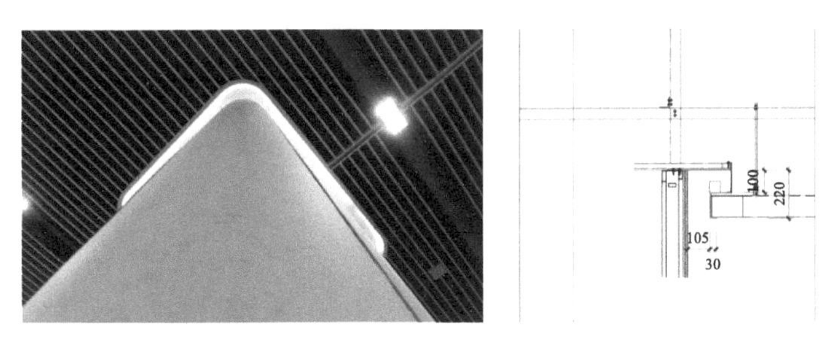

图 3.1-52 柱头节点

图 3.1-53 柱脚节点

（10）进出站楼梯间工艺优化

墙面、顶面铝板嵌缝条安装：①墙面铝板采用离缝安装形式，嵌条采用铝型材，现场打孔铆接；②吊顶采用勾搭龙骨，折边时充分考虑离缝距离，嵌条采用铝型材，现场打孔铆接（图 3.1-54、图 3.1-55）。

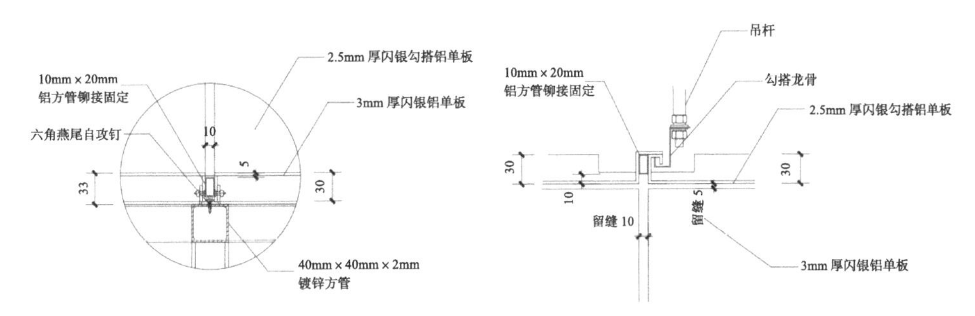

图 3.1-54 铝板嵌缝条安装节点

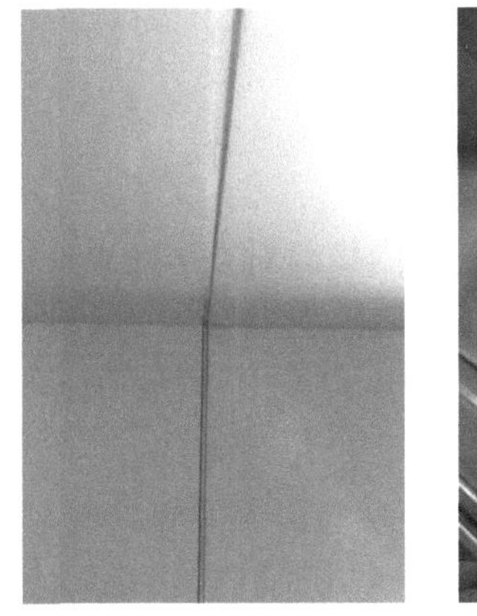

图 3.1-55 铝板墙体安装实景

吊顶斜面拼缝处理：顶面斜面处铝板折边角度一边为 62.7°，一边为 117.3°（角度误差控制在 0.2°），加工时在厂家预排板，两个角度拼接后，顶面缝隙垂直向下，与墙面对缝（图 3.1-56）。

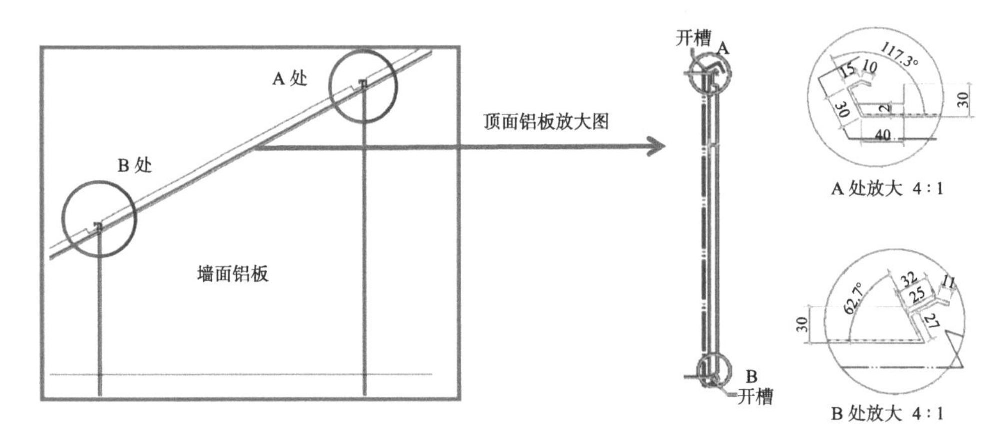

图 3.1-56　吊顶斜面拼缝节点图

垂梯与吊顶交接节点：与垂梯收口处采用与玻璃离缝的形式，侧面与正面离缝约 50mm，扶梯一侧采用“窗帘盒”的形式，离缝 120mm，深度 100mm，顶板采用深灰色冲孔板（图 3.1-57）。

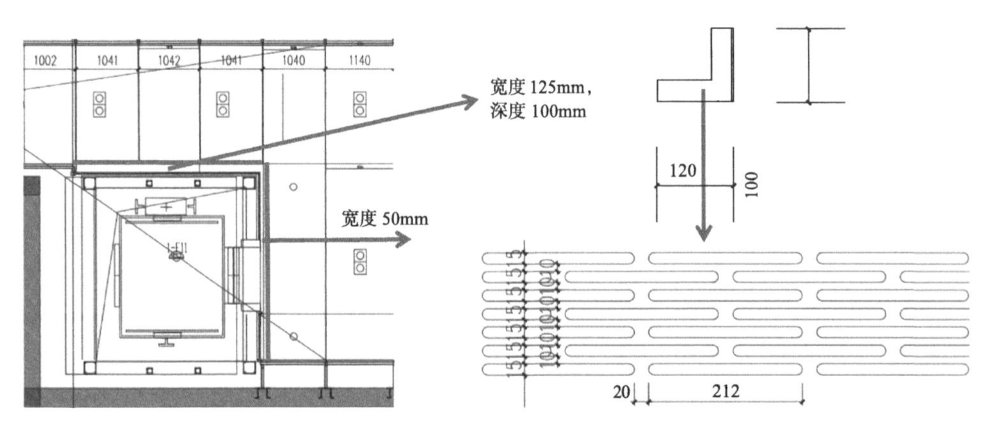

图 3.1-57　垂梯与吊顶交接节点图

铝板加强筋节点：为保持墙面整洁美观，避免视线范围内横缝对整体效果产生影响，墙面铝板采用长大铝板，高度为 5.9m，为保证其表面平整度，背肋采用 40mm × 60mm 几字形背肋与 40mm × 40mm U 形背肋相结合的方式，栓钉间距均要求 ≤ 350mm（图 3.1-58）。

检修门节点：为达到更好的装饰效果，将热风幕隐蔽在动态屏及铝板之间，为保证风幕出风效果，底部采用成品装饰百叶风口；为满足检修，采用吊挂式检修门，同时解决合页外露的弊端（图 3.1-59、图 3.1-60）。

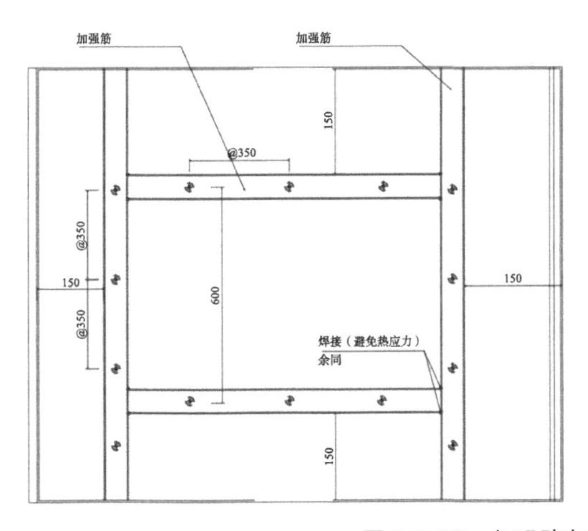

图 3.1-58 加强肋布置图

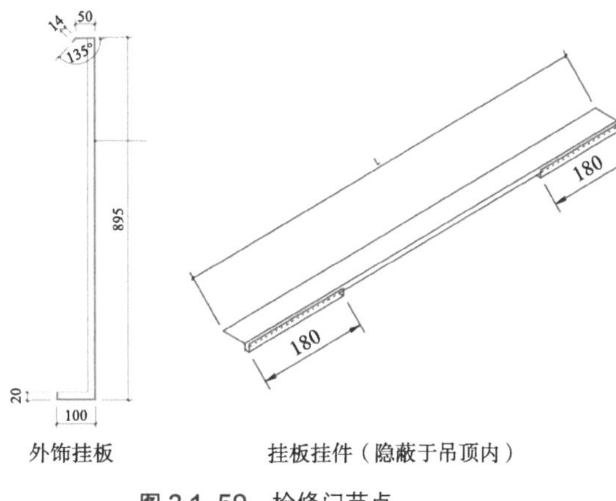

外饰挂板　　挂板挂件（隐蔽于吊顶内）

图 3.1-59 检修门节点

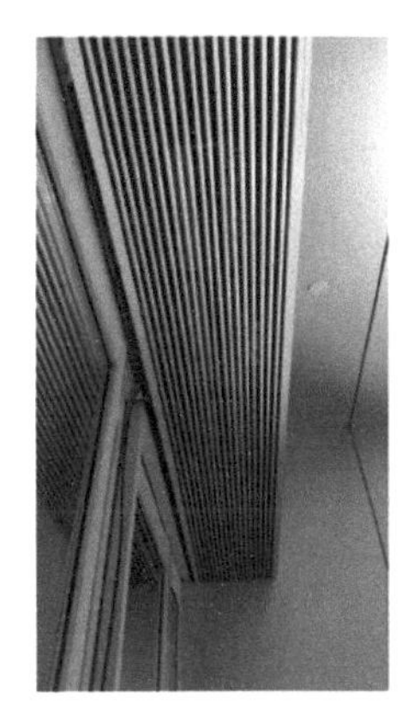

图 3.1-60 风幕下方成品百叶风口

楼梯踏步：经现场复测，楼梯踏步高度为 150mm，楼梯踏步板采用粘接加厚边的形式，加厚边高度为 25mm，将立板与平板的缝隙隐藏到阴角处，立板高度为 115mm，预留 10mm 余量，楼梯踏步可视边倒 R=15mm 圆角（图 3.1-61），该处理方式既美观，又利于现场踏步尺寸微调，便于铺贴。

图 3.1-61 踏步实景

石材挡水台：认真处理侧边石材挡水台与踏步及铝板的关系，楼梯踏步撞石材挡水台，铝板与不锈钢上沿预留 10mm 缝隙，该处铝板加工时折边加长 10mm，将角码延伸至铝板以下（一体化角码），利用铝板折边作为自然缝内衬，同时解决个别角码导致石材挡水台局部裁剪的问题，该节点做法还解决了石材挡水台异形加工的问题，降低安装难度（图 3.1-62、图 3.1-63）。

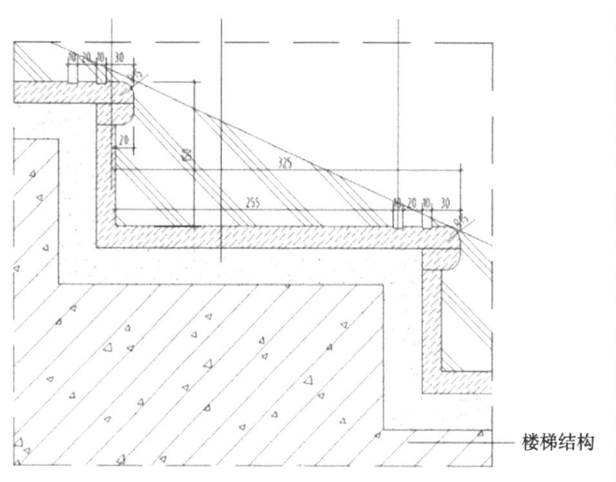

图 3.1-62　石材挡水台节点图

图 3.1-63　石材挡水台实景图

（11）卫生间的优化

1）卫生间走廊设计

卫生间走廊在原有方案基础上，对平面功能重新定位调整，充分利用楼梯底部空间，增设行李寄存柜，方便旅客。

等候区增加座椅及绿植，给旅客提供更加舒适的使用空间，同时通过灯光，色彩，线条及细部节点的调整，使整个空间更加简洁（图 3.1-64 ~图 3.1-72）。

图 3.1-64　原有方案

图 3.1-65　优化后方案

图 3.1-66 走廊整体效果

图 3.1-67 开水间

图 3.1-68 等候区绿植

图 3.1-69 背漆玻璃阳角做法

图 3.1-70 墙面变形缝

图 3.1-71 第三卫生间入口

图 3.1-72 入口过门石

走廊玻璃消火栓以及卫生间的杂物间采用暗藏式、对缝工序处理，使得整体效果更加整洁、规整（图 3.1-73 ~图 3.1-75）。

图 3.1-73　走廊玻璃消火栓暗门

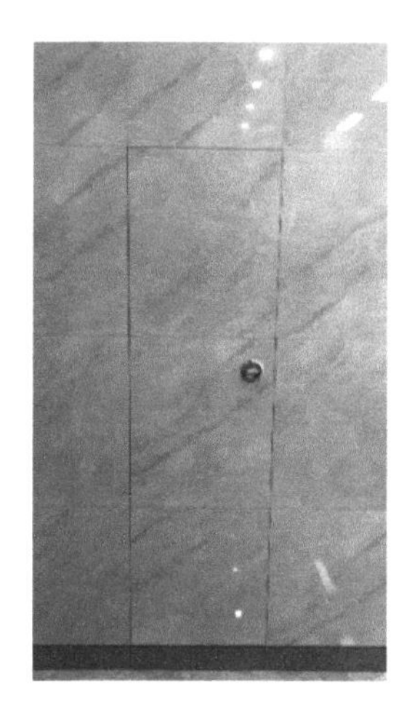

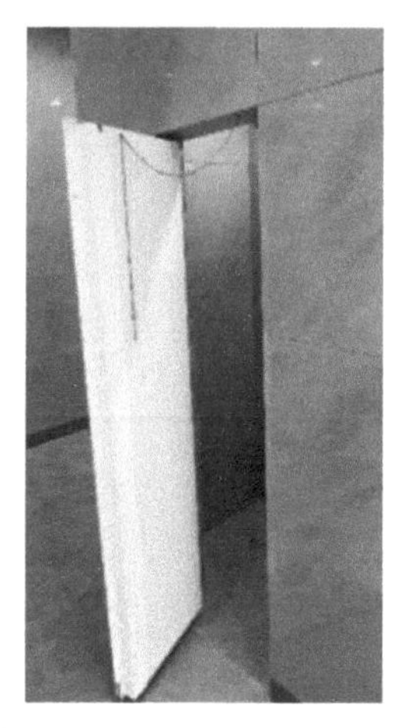

图 3.1-74　卫生间瓷砖暗门

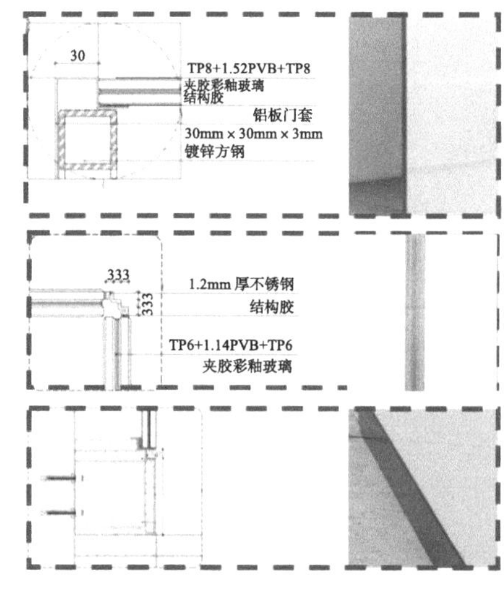

图 3.1-75　卫生间节点图

2）男卫生间设计

男卫生间将原来通高隔墙优化为 1.8m 的隔断，使得两边的空间打开而具有通透感；盥洗间灯光效果的设计也增加了空间的延伸性；卫生间的整体装饰与站房大厅的装饰一致，体现建筑装饰的统一性（图 3.1-76、图 3.1-77）。

小便斗隔板中间设计置物台，充分利用空间（图 3.1-78）。

台面垃圾桶的设计，让旅客减少空间移动的麻烦。

将擦手纸与洗手液隐藏在镜子后面，减少杂物的堆放，同时镜面灯光文字的工艺体现了点睛之处的美感（图 3.1-79）。

图 3.1-76 艺术玻璃隔断

图 3.1-77 壁龛

图 3.1-78 男卫生间小便斗节点

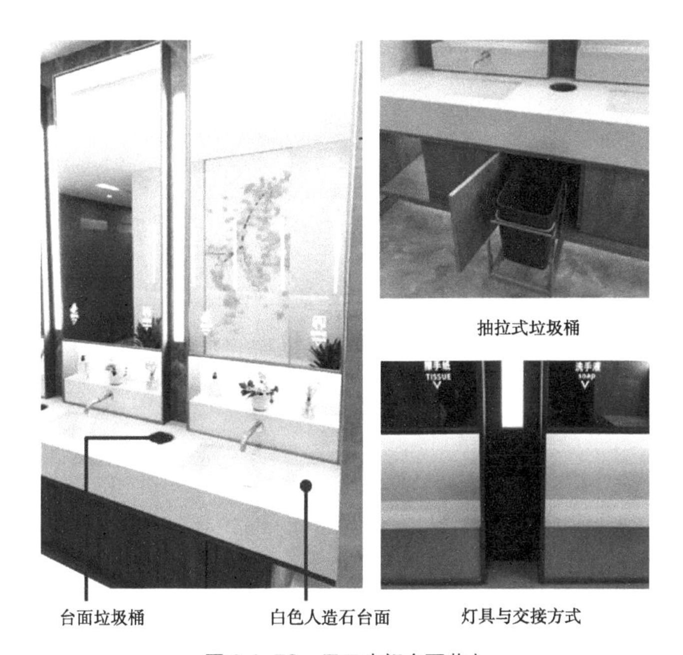

图 3.1-79 男卫生间台面节点

3）女卫生间设计（图 3.1-80）

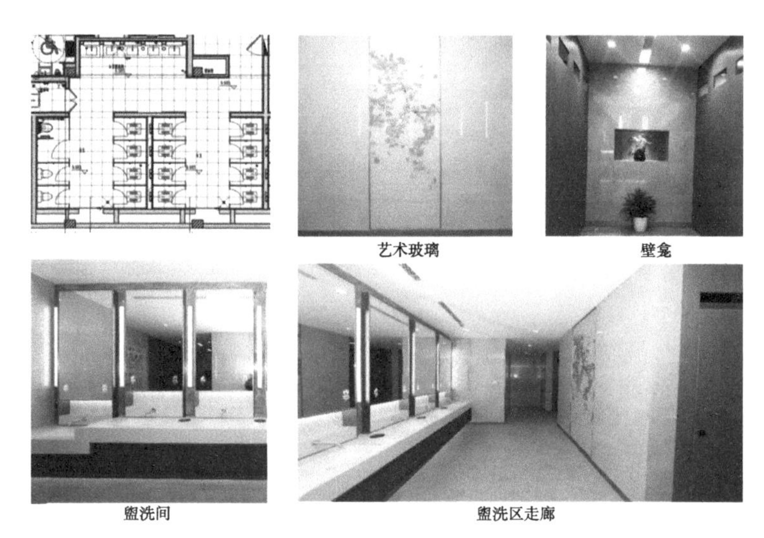

图 3.1-80 女卫生间实景图

4）无障碍卫生间设计（图 3.1-81、图 3.1-82）

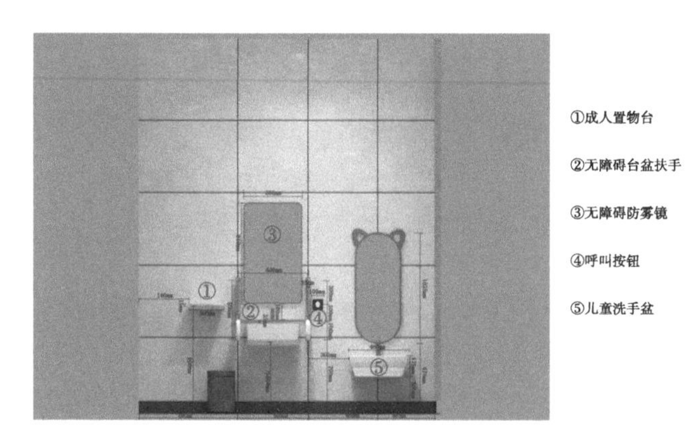

图 3.1-81 无障碍卫生间效果图（一）

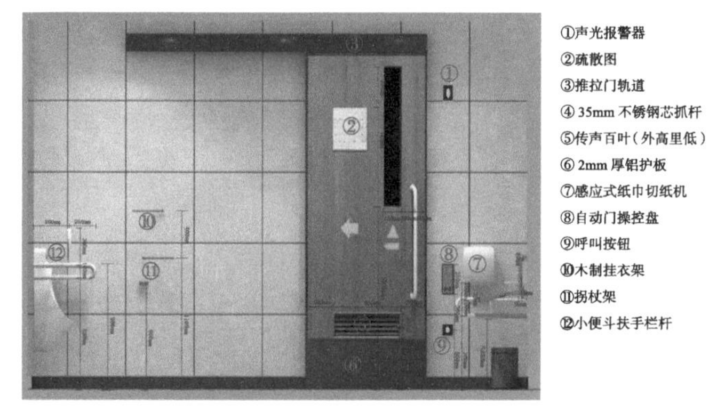

图 3.1-82 无障碍卫生间效果图（二）

（12）设备末端的优化

站房深化设计中，将所有疏散指示、灯具、喷淋、烟感、消火栓、风口、5G末端等进行系统排布，与装饰面产生对应关系，依照规律性排布方式凸显装饰造型干净整洁；地面疏散指示标识排布方式：在主要通道、通廊、门洞口等主要旅客流线处设置疏散指示标识，疏散指示按照石材居中布置原则，间距为3075mm（图3.1-83）。

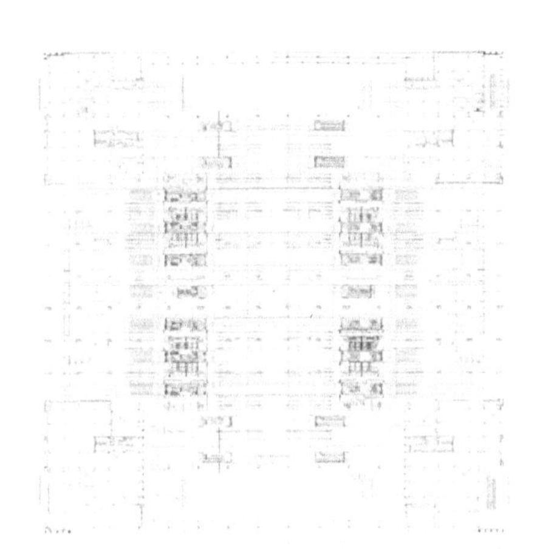
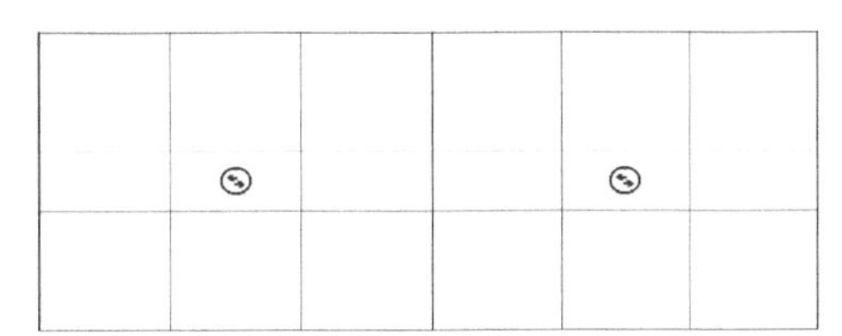

图3.1-83　疏散指示模型图

1）消火栓：丰台站消火栓主要分为三类样式，仿清水柱消火栓、陶板墙面消火栓、铝板墙面消火栓，分别将这些类型与装饰效果相融合，提前进行效果图模拟、施工图深化，保证最终效果（图3.1-84）。

仿清水柱消火栓见图3.1-85。

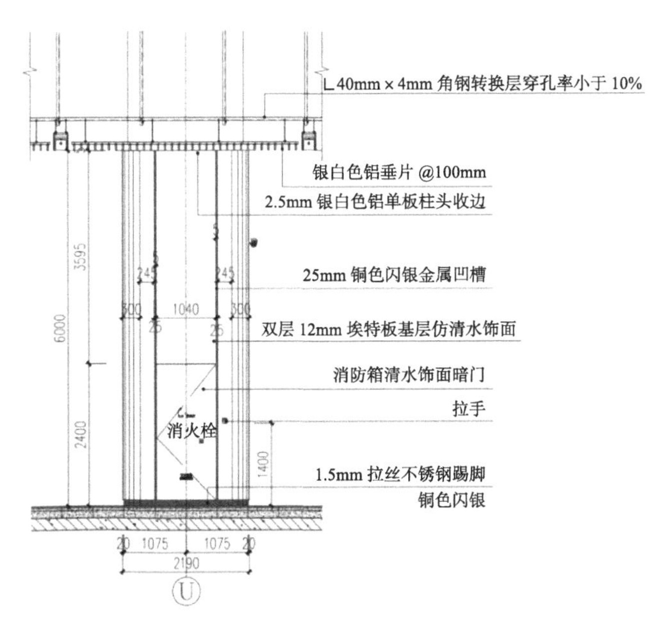

图3.1-84　站房室内柱消火栓节点图

图 3.1-85　仿清水柱消火栓暗门实景图

陶板墙面消火栓见图 3.1-86、图 3.1-87。

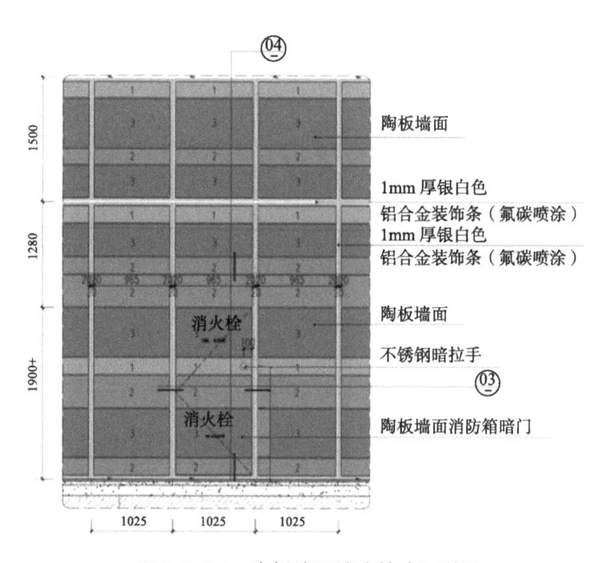

图 3.1-86　陶板墙面消防箱暗门详图

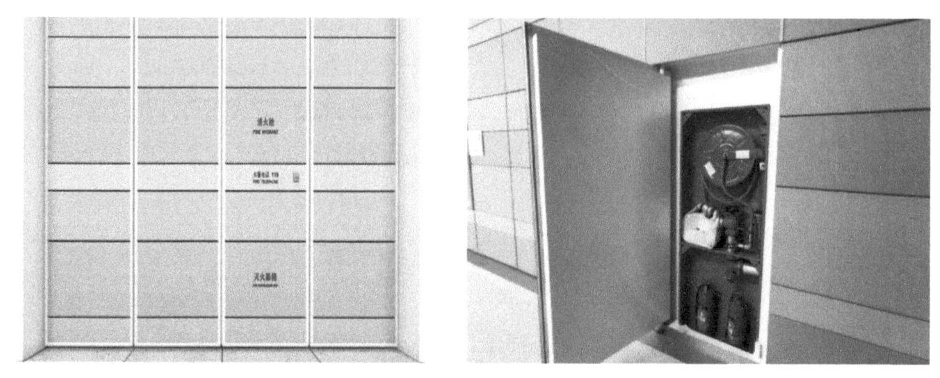

图 3.1-87　陶板墙面消火栓暗门大样和实景图

铝板墙面消火栓见图 3.1-88、图 3.1-89。

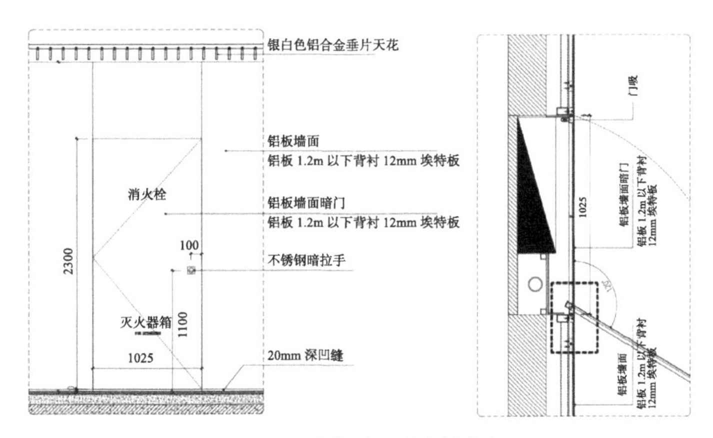

图 3.1-88 铝板墙面消火栓节点图

图 3.1-89 铝板墙面消火栓暗门实景图

2）风口：丰台站出风口主要优化检票口下出风口、售票厅侧出风口、幕墙球形出风口几种类型（图 3.1-90、图 3.1-91）。

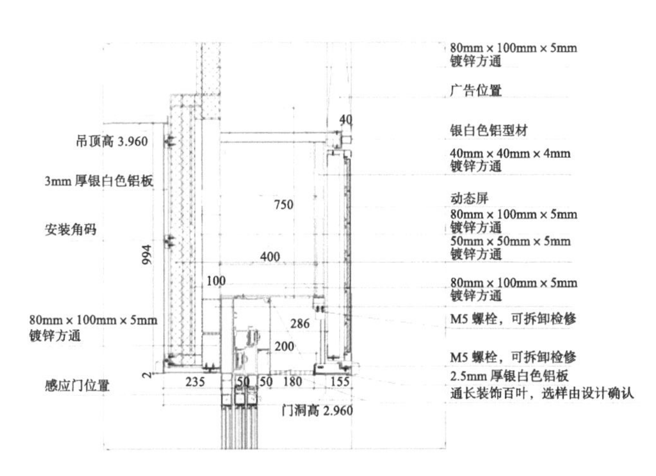

图 3.1-90 风口节点图

图 3.1-91 风口实景图

对检票口下出风口以及售票厅侧出风口进行优化，完全隐藏式处理，出风百叶结合幕墙做一体式处理，干净整洁（图 3.1-92）。

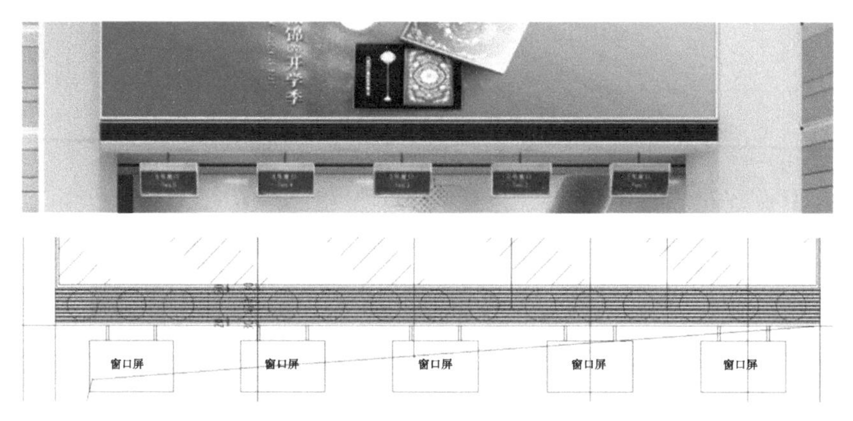

图 3.1-92　检票口下出风口节点图

3）球喷排布方式：球喷按照对应幕墙背漆玻璃中的原则进行排布，球喷间距为 2050mm。选用球喷扣盖外露方案（图 3.1-93）。

图 3.1-93　球喷扣盖外露效果图

4）5G 末端：室内 5G 点位均为隐蔽式安装，高速站台 5G 点位统一放置于灯槽中，与吊顶缝隙对齐（图 3.1-94）。

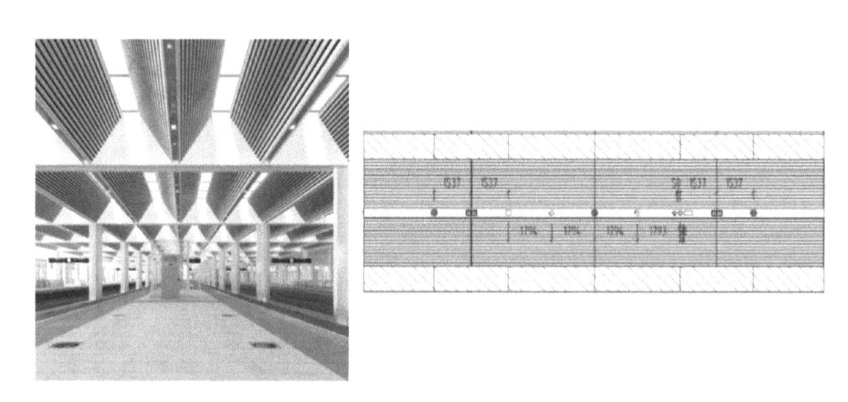

图 3.1-94　5G 末端节点图

（13）楼扶梯专项工艺优化

楼扶梯效果图及平面图、剖面图见图 3.1-95、图 3.1-96。

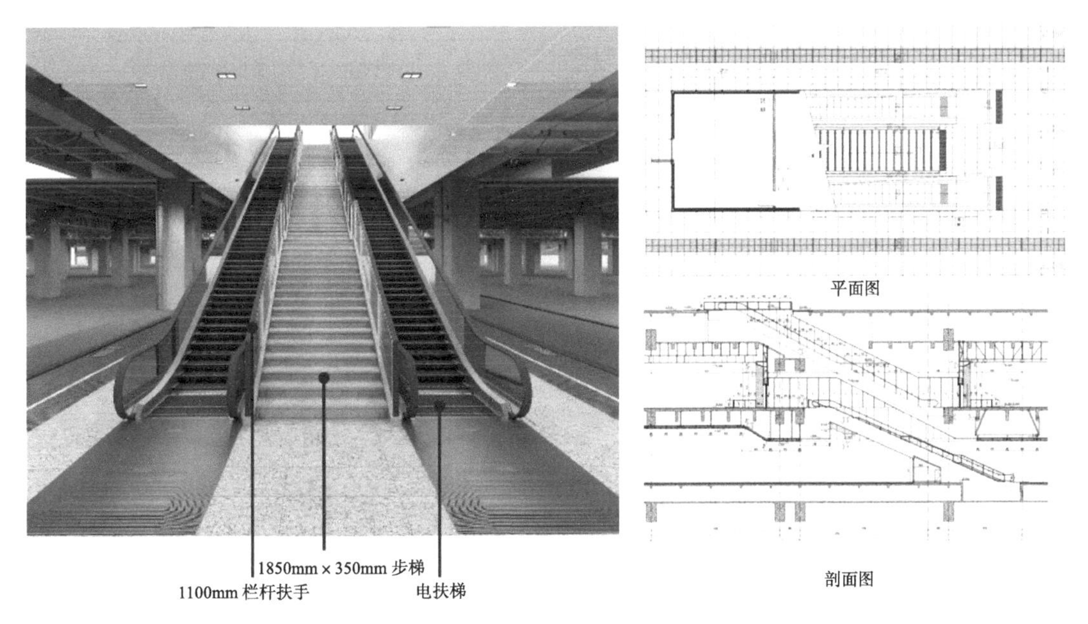

图 3.1-95　楼扶梯效果图及平面图、剖面图

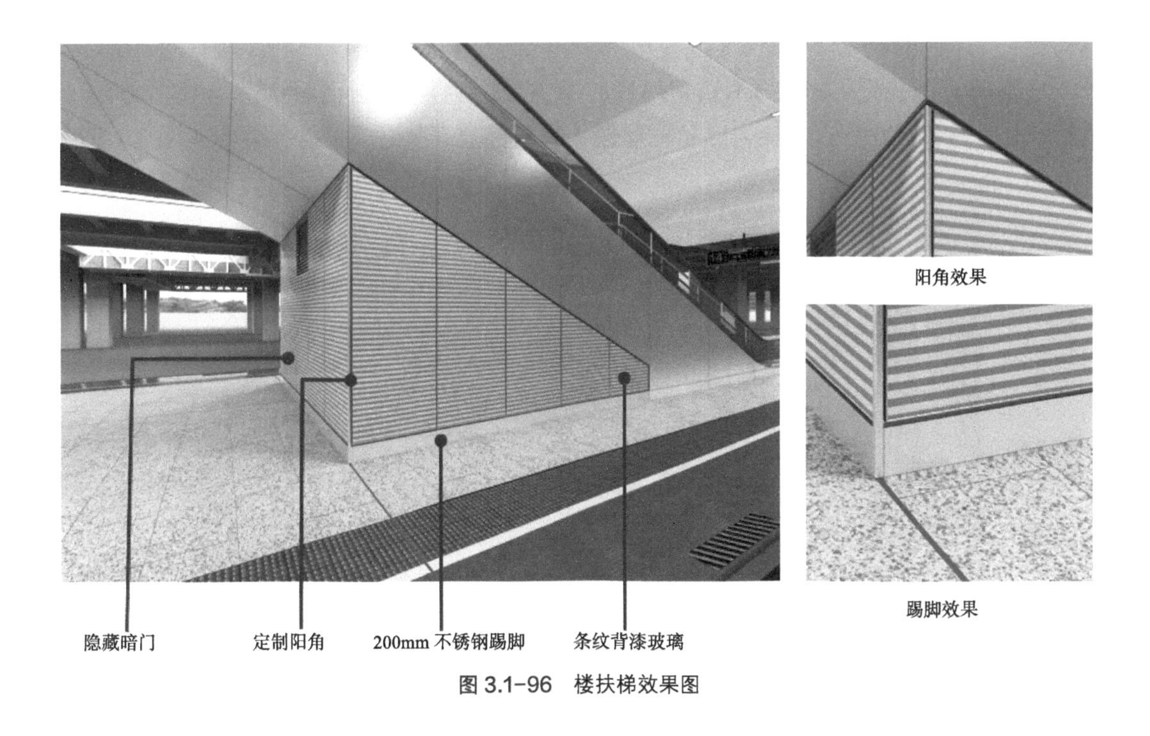

图 3.1-96　楼扶梯效果图

扶梯扶手高 1.1m，采用实木木纹扶手，金属立柱为不锈钢金属立柱，玻璃为钢化夹胶超白玻璃（图 3.1-97、图 3.1-98）。

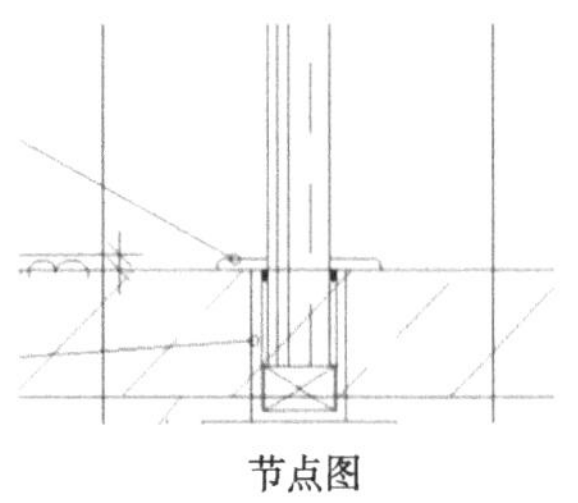

节点图

栏杆立柱与石材挡水台接缝处采用 5mm 折边不锈钢压缝处理

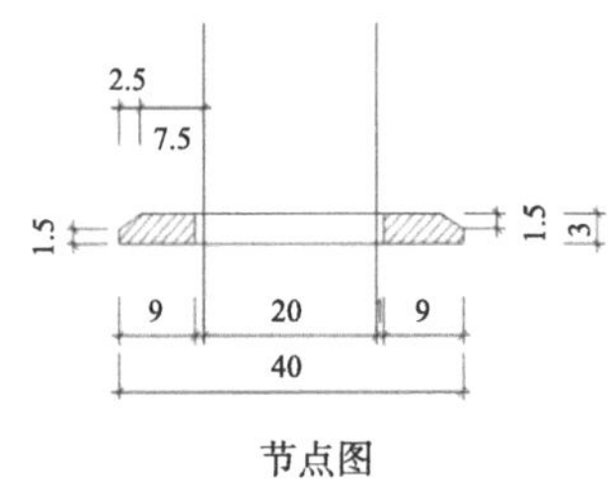

节点图

法兰盖板为成品拉丝不锈钢材质，厚 3mm，边缘切斜边处理

扶手为实木木纹扶手，与横梁间隙控制为 10mm，木扶手接缝处做美缝处理

图 3.1-97　楼扶梯节点图

图 3.1-98　楼扶梯实景图

电梯门套的优化：电梯为不锈钢门套，原方案为垂直于墙面，优化后调整为斜面喇叭口，电梯门套口在厂家焊接为成品再运输，现场整套安装，拼接处无缝隙（图 3.1-99）。

图 3.1-99　电梯门套优化实景图

（14）外幕墙的优化

幕墙龙骨型材和装饰铝板密拼，在型材内侧安装卡槽，再将铝板从两端卡槽固定，

由外向内滑移安装，保证铝板边缘和型材接缝严密、平整（图 3.1-100）。

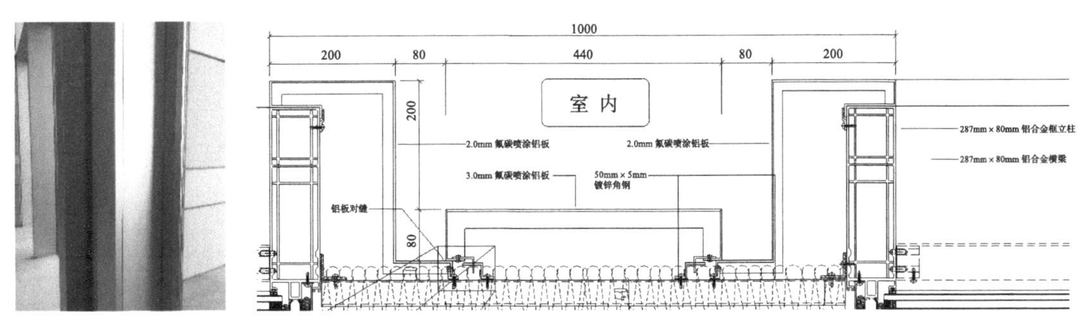

图 3.1-100　外幕墙节点图

通过对陶板挂件高度的精确把控，使陶板腰线和铝板腰线高度一致，对接严密（图 3.1-101、图 3.1-102）。

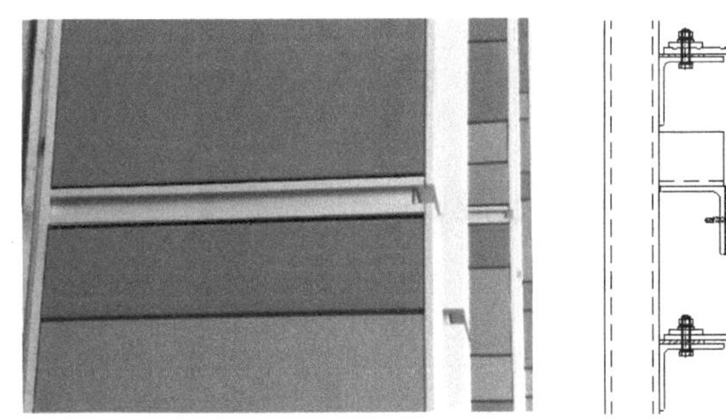

图 3.1-101　陶板幕墙实景

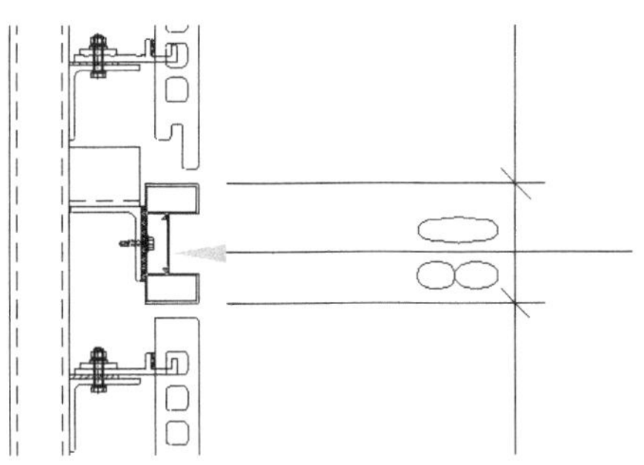

图 3.1-102　铝合金装饰条节点图

玻璃幕墙横向装饰条采用通长安装，竖向装饰条和横向装饰条对接安装，避免出现竖向对接缝，保证对缝严密（图 3.1-103）。

图 3.1-103　玻璃幕墙实景图

百叶窗底部开设泄水孔，保证冷凝水顺畅排出（图 3.1-104）。窗边封条采用涂黑处理，使之隐藏，做到玻璃幕墙竖向装饰条视觉流畅（图 3.1-105）。

图 3.1-104　泄水孔实景图

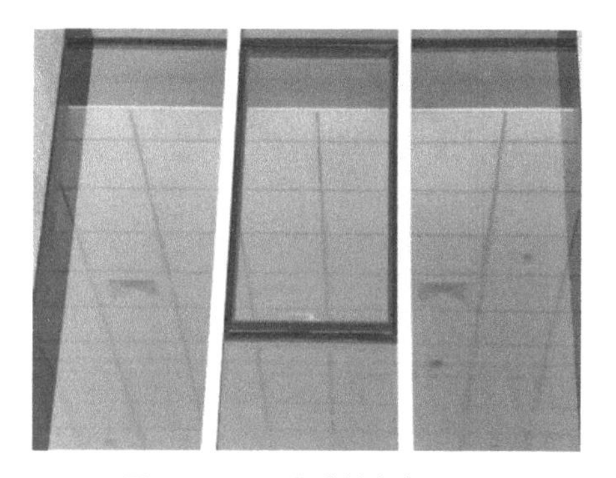
图 3.1-105　窗边封条实景图

4cm 铝板腰线接缝采用 4cm 制具控制，保证腰线缝隙均匀一致。背面采用卡扣连接，代替明螺钉固定（图 3.1-106），达到美观、整洁、一体化的效果。

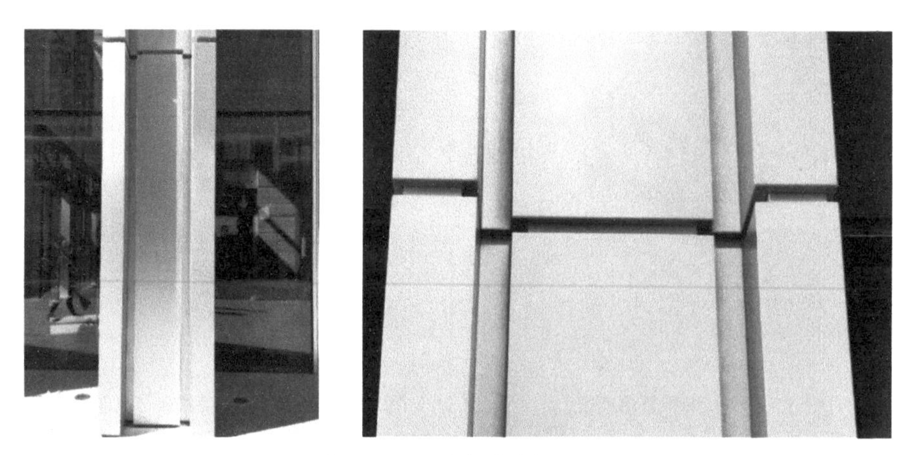
图 3.1-106　铝板幕墙实景图

16.8m 跨度大挑檐采用铝折板和铝板造型，通过三维模型模拟下料，全站仪精确定位安装，确保造型檐口对接严密，线条流畅（图 3.1-107、图 3.1-108）。

图 3.1-107　屋面檐口实景图

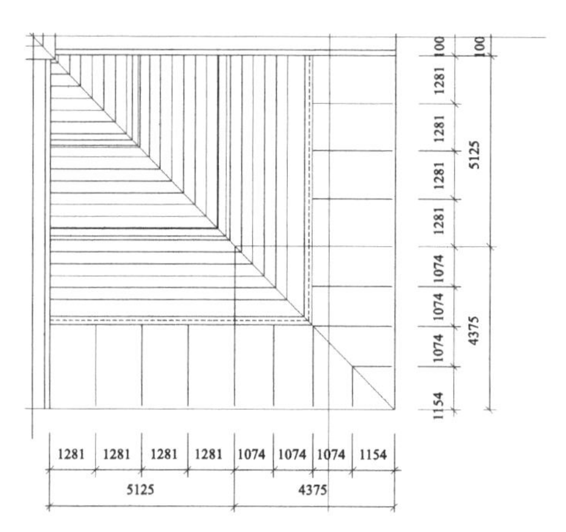

图 3.1-108　屋面檐口节点图

6. 文化艺术性融入

（1）总体思路

遵从丰台站整体设计思路（图 3.1-109），以中轴对称结构为空间视觉构图基准，挖掘金中都、南苑、宛平城等色彩、文化元素，体现丰台区独特的地缘历史气息。在“丰台”语源追溯中，其水草繁盛、花木怡人的特点与多语源相关，且因其水草花木之丰而为五朝皇家苑囿，花木之乡和千古流淌、滋润京畿万物的永定河为丰台最显著的、贯穿古今的历史文化符号。围绕丰台代表性地缘特色——科技、生态、历史，进行视觉元素提取及相关设计及艺术创作，中国风的现代表达，北京文化的艺术呈现，化繁为简，与建筑空间和谐融合。

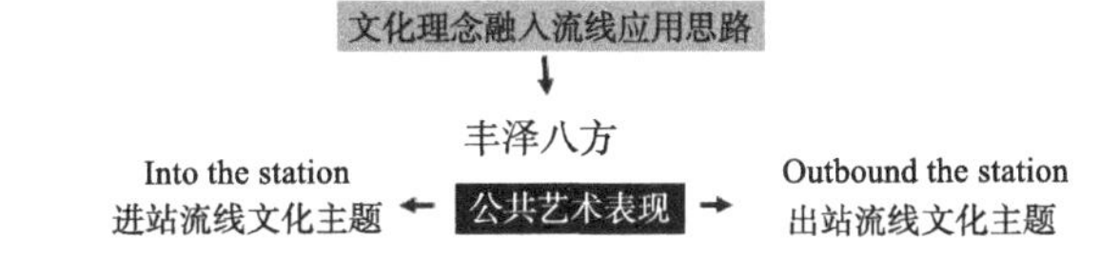

10m 高架候车厅	19m 层高架夹层	-11.5m 层出站通道
01 北京丰台站匾额—南北进站厅	05 钟鼓齐鸣—陶板墙	06 这就是北京—铝板
02 风华满庭—中央光庭		07 岁时十景—凹龛
03 丰泽八方—12306 服务岛立柱装饰		
04 岁丰景明—四角立柱		

图 3.1-109　文化艺术点位布置思路及位置图

（2）各部位文化点位

1）10m 层北京丰台站站名牌（南北进站大厅）

整体外轮廓打破传统匾额的方正的形式，层层叠叠的结构构建了结构美。匾额提取丰台站建筑顶面的造型语言以及三段式的中国传统建筑结构，边框采用金属材质，具有现代感。底板采用大漆工艺，体现中国传统艺术的工艺，中文字体采用金属边框，内填充珐琅，字体选用榜书，在此基础上加以修正，应用于北京丰台站匾额及站名大字，英文字体用金属雕刻（图 3.1-110）。

图 3.1-110　站名实景图

2）10m 层地面：风华满庭铜镶嵌（图 3.1-111、图 3.1-112）

图 3.1-111 铜镶嵌设计图　　图 3.1-112 铜镶嵌实景图

3）12306 服务岛：丰泽八方

台面切割成八边形取丰泽八方之意，寓意着欢迎八方游客。12306 服务岛柱身及边角艺术装饰通过“丰”字诠释出山与水的概念（图 3.1-113、图 3.1-114）。

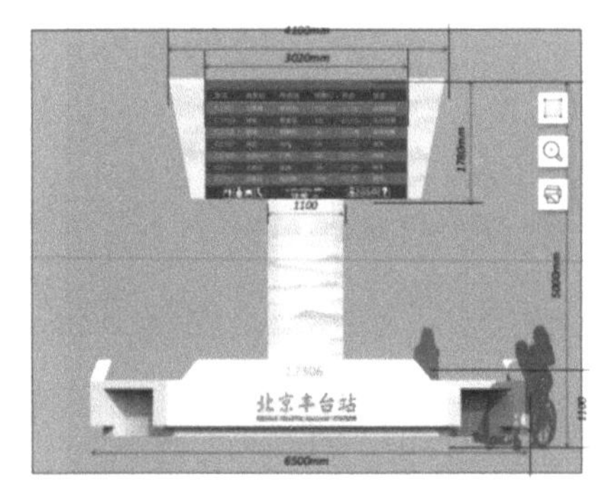

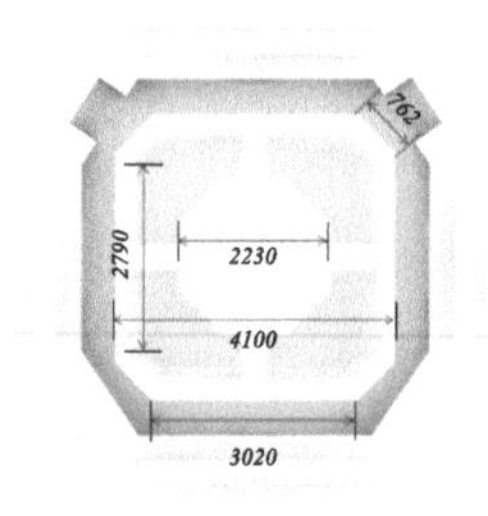

台面切割成**八边形取丰泽八方之意**，
寓意着欢迎八方游客

图 3.1-113 12306 服务岛设计图

图 3.1-114 12306 服务岛实景图

4）10m 层高架候车厅四角立柱：岁丰景明

候车厅四个立柱分别展现丰台区著名人文景色，采用金属字及马赛克构成图画（图 3.1-115 ~图 3.1-119）。

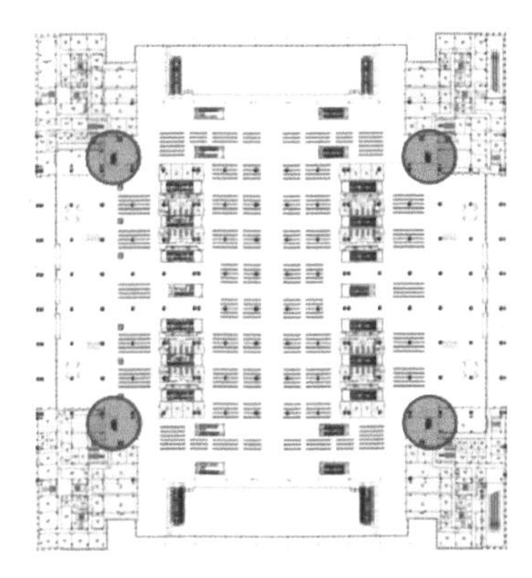

图 3.1-115 “岁丰景明”分部位置设计图

图 3.1-116 宛平垂柳【春】

图 3.1-117 永定河岸【夏】

图 3.1-118 南囿秋风【秋】

图 3.1-119 卢沟晓月【冬】

5）19m 层高架夹层陶板墙：钟鼓齐鸣

钟鼓齐鸣代表着北京城市生活中的仪式感，同时代表国家的兴盛和发展，象征着城市繁荣昌盛的盛世之景。在出站厅的两端，钟楼和鼓楼的壁画隔空相对（图 3.1-120、图 3.1-121），采用陶板烧制图案现场着色的工艺。

图 3.1-120　钟楼实景图

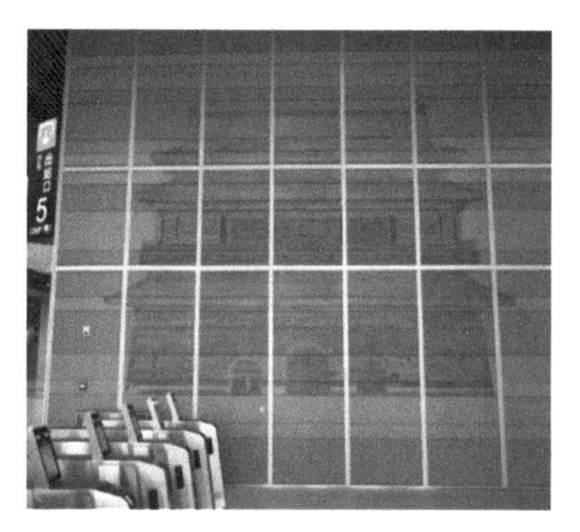

图 3.1-121　鼓楼实景图

6）-11.5m 层出站通道：这就是北京

利用丝网印的表现工艺，色调为“丰收”暖调色彩，通过多层丝网工艺达到丰富的视觉效果，营造内装的整体画面突出构成感及几何化的语言，与室内现代风格统一，传达给大众有趣的北京文化及故事。分布在普速车场出站楼梯处，共计 22 块（图 3.1-122、图 3.1-123）。

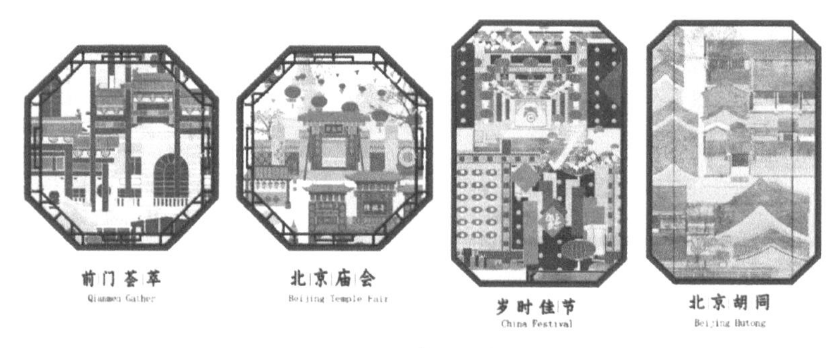

图 3.1-122　“这就是北京”效果图

图 3.1-123　“这就是北京”实景图

7）–11.5m 层城市通廊：岁时十景

首都四时风光不同，选取与中轴线有关的自然景观。画面同时涵盖具有代表性的自然景观与新老建筑，展现北京的繁花绿树、明山净水，采用马赛克工艺形成艺术画（图 3.1-124、图 3.1-125）。

《景六》
京城景色：万里长城，枫叶，金银木，双腹锦鸡

《景七》
京城建筑景色：
北京站、北京西站、白玉兰、老机车

《景八》
京城建筑景色：
卢沟晓月、石狮子，花卉动物

《景九》
京城建筑景色：
华表，天安门，龙，牡丹

《景十—春日辑芳》
京城景色：天坛、北海公园海棠、陶然亭牡丹、蝴蝶蜜蜂、风筝

图 3.1–124 “岁时十景”效果图

图 3.1–125 “岁时十景”实景图

8）综合服务中心

背景墙中融入“丰台站”主色调及 logo（图 3.1-126、图 3.1-127）。

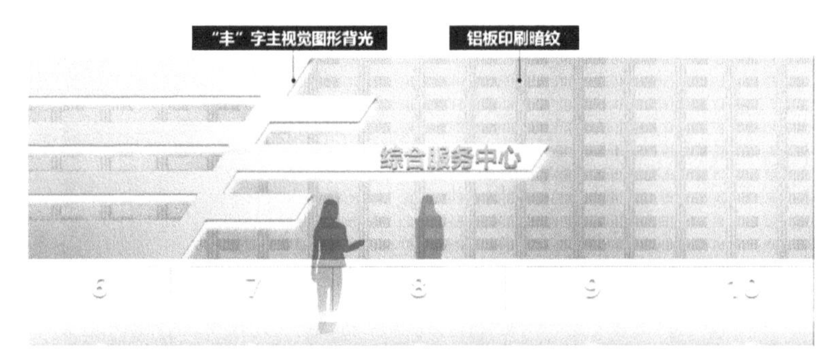

图 3.1-126　综合服务中心背景墙效果图

图 3.1-127　综合服务中心背景墙实景图

9）卫生间

卫生间艺术表现点位以北京老城历史名园和景观植物为代表，营造“丰收繁盛”“丰泽八方”的生态自然氛围（图 3.1-128 ~图 3.1-130）。

材质：多层玻璃珐琅彩

衬底：由“丰”字 logo 组成的窗棂纹样

图 3.1-128　设计意向

图 3.1-129 男卫生间实景图

图 3.1-130 女卫生间实景图

3.2 清河站

1. 工程概况

清河站位于北京海淀区，是 2022 年冬奥专列始发站，京张高铁线上最大站房。清河站站场规模 4 台 8 线，四座岛式站台规模为 550m × 11.5m × 1.25m，站场西侧设城铁 13 号线专用站台一座，站台规模为 380m × 13m，与国铁站台并行设置。

清河站地下两层，地上两层，局部三层（图 3.2-1、图 3.2-2），车站采用上进下出的旅客进出站流线，通过地下一层出站并与城市轨道交通系统换乘。首层为西入口进站厅、站台、配套用房；二层为高架候车厅；三层局部为旅客服务。总建筑面积 14.6 万 m^2。

图 3.2-1 清河站 G7 视角西立面

图 3.2-2 清河站南立面

整体风格定位：

站房以“动感雪道、玉带清河”为设计理念，采用单坡曲面屋顶，A 字形柱廊、抬梁式悬挑屋檐等传统的建构语言，并创新新的形态，体现出对北京古都风貌的尊重，也展现出现代交通枢纽建筑的恢弘大气。

2. 精品工程组织与策划

以创精品工程为目标，以标准化建设为抓手，以推进工厂化、机械化、专业化、信息化为手段，推进精品工程的创建，确保精品工程的创建目标实现。

1）强化工作机制策划，统筹项目管理全局

结合清河站的建设定位和目标，详细分析工程重难点，以“创新研发、设计深化、建材精研、样板试验、标准制定、人才培育”为重点，成立精品工程领导小组、装饰装修工作室、BIM 工作室、宣传工作小组等领导和专业机构，建立重点事项专家诊断机制和技术创新机制，为实现“精品工程、智能京张”的建设目标提供有力支撑。

2）开展创新应用策划，助力智能京张建设

清河站是全国首座采用智能建造技术的高铁站。项目在理念、设计、工艺、施工组织上建立技术管理创新机制，从策划上重视智能建造技术的创新应用，从 BIM 实用化、信息集成化、设备智能化、监控自动化四个方面建设了具有 19 个功能模块的“铁路站房工程智能化管理平台”，积极推进创新成果向制度化、标准化转变。

3）精准实施专项策划，重点领域有的放矢

清河站施工条件差，空间狭小，同时要保证地铁 13 号线的安全平稳运营及拨线转场。项目部以关键工序为策划重点，集专家智慧，借鉴经验，采用模块化方式，实现前期专项策划精准化，解决施工条件差的问题。针对围护结构、钢筋连接方式、外幕墙等 10 余个质量管理重点做了专项策划，在施工过程中动态优化施工方案，及时提出优化意见。

4）优化质量管控体系，确保精品目标达成

健全工作制度化、管理程序化、责任具体化“三化”机制，强化新技术应用、首件评估、工序管理、标准化验收四个关键过程管理，运用 631 工作法、一图四表质量安全风险法、三全检查法三个管理方法，落实质量攻关、推进全面质量管理、健全质量保证体系、提升原材料质量、完善质量激励机制、优化完善质量管理体系。应用二维码和智能建造技术，将重点部位、重要节点、关键工序信息录入质量可追溯系统，查看全过程施工信息，实时掌握工程质量状况，实现全员、全过程工程质量监督。

5）联合攻关技术难题，提升工程质量标准

以“专家咨询、治理、论证”为指导，分析质量提升要点，采取专题研讨、联合研发等方式开展技术攻关，破解技术难题，锻炼培养人才。与科研院所合力进行科研攻关，与清华美院、同济大学等高校合作，提升清河站建造品质。

3. 装饰精品的主要创新

1）空间效果优化

候车大厅空间通透、开敞、明亮（图 3.2-3），自然采光、通风条件良好，装修整洁、美观，A 形、Y 形巨柱，体现结构美感。大跨度铝合金圆管双曲面吊顶，通过 BIM 技术精准放样及现场精细化施工，弧形优美，双曲弧面无明显硬折点，宛若“一张纸”般顺滑，完美呈现“玉带清河”设计理念。

清河站的屋面由西高东低的曲线构成，灵动飘逸，犹如奔流的清河河水，象征着中国铁路人永不低头、昂扬向上、奋勇向前的不息精神。屋面弧线结合西立面的曲线雨棚，配合整体的白色色彩，使车站造型在大气稳重中透露出动感，呼应着冬奥会拼搏、进取、向前的精神。

图 3.2-3　清河站候车大厅

清河站整体以“动感雪道、玉带清河”为设计理念，采用玻璃、铝板、遮阳百叶等为主要立面装饰元素。西侧 A 形柱、东侧直柱顶部三段式斗拱造型制作精美，双曲面造型美观大方，且斗拱结构室内外浑然一体；檐口节点采用钢板折边处理，相比常规铝单板收边节点，更显檐口挺拔有力。

2）文化艺术表现

清河站文化主题选定：

1905 年，詹天佑受命筹建京张铁路，第一条中国人自主设计建设的铁路由此诞生，清河站是新京张高铁主要始发站。人字形铁路是老京张铁路广为传播、深入人心的文化标识（图 3.2-4），由“人”字其形取其意：天地合德——与天合德，天行健，君子以自强不息；与地合德，地势坤，君子以厚德载物。取人与天地合德之自强不息精神，取中华民族图腾长城之自强不息精神，取百年铁路人之自强不息精神，清河站艺术工程设计定位与表现为“不息”。

图 3.2-4　老京张人字形铁路

3）进站大厅文化元素展现

清河站西侧进站大厅是铁路旅客集散主要出入口，突出文化表达新体验，打造进站文化厅，主壁画将新老京张的建设历程进行艺术化提炼与表现；站房匾额艺术设计，融合京张铁路人字形概念，为站房添加雅致的艺术风格；扶梯檐口铝板美化，运用铜板雕刻的手法表现连绵不绝的山势，烘托主视觉核心（图 3.2-5）。

图 3.2-5　清河站进站大厅文化元素展现

4）候车大厅文化艺术展现

机电单元浮雕：结合八个机电单元设置综合信息岛，设置带纹样石材浮雕，集中展示2008年以来的铁路客站、桥梁隧道等建设成就，使文化与功能融为一体（图3.2-6）。

图3.2-6　清河站机电单元

12306服务台壁画：12306服务台壁画以中国山水画为核心题材，提取中国山水画的核心元素及技法，将传统中国画的写意手法，结合中国新时代高铁发展“复兴号奔驰在祖国广袤的大地上”的主题加以呈现，以切割、镂空、填漆、仿景泰蓝的施工工艺制作而成（图3.2-7）。

图3.2-7　清河站12306服务台

5）站台文化艺术展现

清河站站台、雨棚装饰大胆尝试工业风格，空间简约，强调结构力学与力量，用简约方式体现艺术，站台面融入奥运元素。高架下部结构空洞部位人字形吊顶，选取中华民族精神和京张铁路视觉符号“人字纹”行意，用于吊顶及灯具造型之上，似飞鸟翱翔、飞腾不息，与雨棚结构高度契合（图3.2-8、图3.2-9）。

图3.2-8　清河站高架下站台上空视觉中心

图3.2-9　清河站无站台柱钢结构雨棚

6）文化符号创新表现

清河站巧妙运用人字形图案、苏州码子等视觉图形创意符号，用于站房细部细节艺术呈现。

创作多种京张高铁独有的人字纹视觉装饰图样，将其巧妙应用于清河站的各个空间，提升文化氛围。如玻璃栏板、无障碍电梯幕墙玻璃等，采用丝网印刷工艺，图案设计变化多样，每一块呈现具有随机性，独一无二（图3.2-10、图3.2-11），其他辅助图形区域运用平面构成方法体现人字纹阵列排布和京张编年史。

清河站高架候车厅南北夹层处、西进站厅入口正立面球喷风口处应用人字形穿孔铝板（图3.2-12）。

苏州码子：苏州码子是老京张线独有的里程标识符号，是中国人第一条自主建设铁路的印记，将苏州码子转化为极具视觉冲击力的艺术化形式，寓意着中国铁路源源不断的生命力。卫生间蹲便隔间，每

图 3.2–10 清河站临空玻璃栏板

图 3.2–11 清河站无障碍电梯

图 3.2–12 清河站球喷风口造型铝板

扇门外印以铁路历史上重大事迹的年代数字 + 对应的苏州码子，门内印以对应年代的具体文字说明，强化铁路文化科普效应（图 3.2-13、图 3.2-14）。

图 3.2–13 清河站石材地面拼花

图 3.2–14 清河站卫生间隔断

3.3 雄安站

1. 工程概况

雄安站是京雄城际最大站房，总建筑面积 47.52 万 m^2，站房规模 15 万 m^2，站场规模 11 台 19 线。设计将自然、朴素的建构之美作为理念，以建筑结构原始之美表达自由舒展的姿态、朴素简约的寓意，塑造出开敞通透、庄重大气的建筑效果（图 3.3-1）。

图 3.3-1　雄安站鸟瞰实景

2. 精品工程策划与实施

1）大空间清水混凝土艺术呈现

清水混凝土结构：雄安站首层候车大厅和城市通廊采用清水混凝土工艺。从直观色彩上看，该工艺的最直接特征是接近混凝土本身的质感，清新自然、环保整洁。结构柱阳角处设置通长的收分弧形凹缝造型，上部收分，在柱梁交接处以曲线双向加腋（图 3.3-2、图 3.3-3）；结构梁两侧加腋形成弧形梁，最大程度地优化梁柱关系，在视觉上减少突兀和笨重之感，使结构形体更具柔和的韵律感。

图 3.3-2　清水混凝土柱

图 3.3-3　清水混凝土梁柱

2）文化艺术呈现

文化元素应用：提取雄安地域文化，以水波纹、荷花、芦苇、飞鸟与二十四节气等元素，将文化符号以现代化的设计手法表现出来，弘扬中华优秀传统文化、延续历史文脉（图 3.3-4 ~图 3.3-6）。

图 3.3-4　首层候车厅吊顶芦苇元素体现

图 3.3-5　首层候车厅卫生间

图 3.3-6　高架层候车厅卫生间芦苇元素体现

地下下沉空间墙面、地面体现水文化元素，增加美观性，见图 3.3-7、图 3.3-8。

图 3.3-7　地下下沉空间

图 3.3-8　地面水文化元素

地面铺装通过地面由浅渐深的渐变式铺地，候车厅白色石材逐渐演变至站台灰色石材，城市客厅的空间体验逐渐过渡到站台空间，在体现文化性的同时增强了方向指引性（图 3.3-9、图 3.3-10）。

图 3.3-9　候车厅渐变石材地面图

图 3.3-10　进站口渐变石材地面

根据二十四节气所包含的季候、动物、植物、农事、风俗、养生等天地人内容，研究并提取二十四节气独有的节气色谱与诗句。底部纹饰由大小渐变的圆点组成，圆点由下至上逐渐变小，赋予玻璃通透感的同时增加近观细节。纹饰整体表现出升起、叠加、交错和互相串联，形成有机的视觉形态（图 3.3-11）。

图 3.3-11　风柱文化元素

3）艺术纹饰类元素应用

地面嵌铜拼花，以涟漪、飞鸟为主要视觉图形（图 3.3-12、图 3.3-13），文化内容展示了京雄城际铁路和雄安的历史沿革。

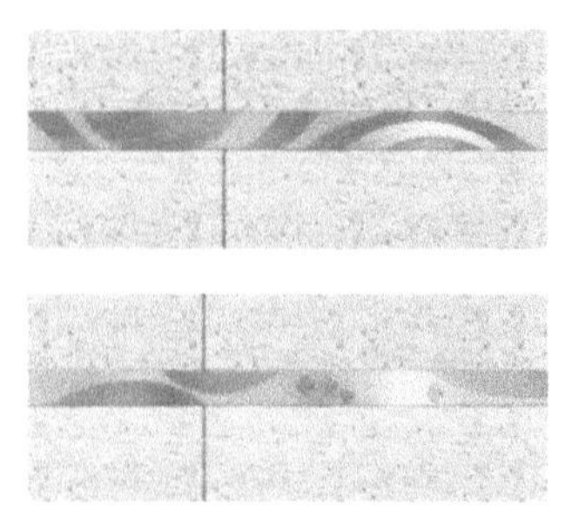

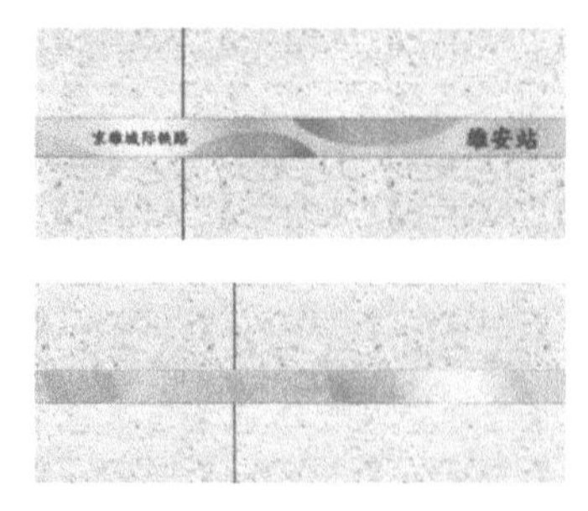

图 3.3-12　地面拼花文化元素

图 3.3-13　光谷吊桥玻璃防撞带纹样

4）精品构造与细节表现

二次深化排板、做到精细化施工：

站房各个区域的部位加强前期策划与二次深化，做到墙顶地三维对缝，施工过程中，严格控制下料精度，强化施工管理和质量控制。

地面石材与墙面陶板分格对缝，两块石材对一块陶板，末端点位居中放置（图 3.3-14）。地面采用 25mm 水磨石，弱化垂梯玻璃幕墙立柱与地面错缝，水磨石无缝化处理，增强装饰性（图 3.3-15）。

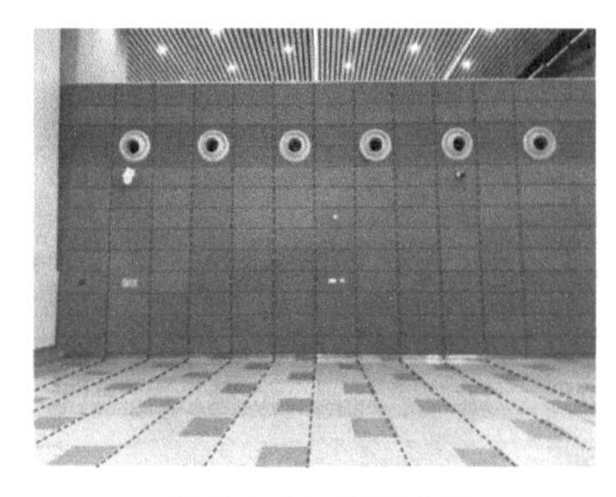

图 3.3-14　墙地对缝

图 3.3-15　水磨石无缝处理

地面与室内幕墙分格对缝，4 块地面石材对室内幕墙一个单元，整齐一致（图 3.3-16）。墙面及吊顶做 2.5mm 香槟金铝板门框造型灯带，丰富空间色彩。

枢纽一候车厅：地面石材与墙面黄绿色铝板、幕墙立挺、吊顶黄绿色铝板对缝（图 3.3-17），顶棚末端点位统一排布。

5）细部节点提升

梁柱结构优化，采取双向加掖等措施形成弧形梁

图 3.3-16　墙地顶对缝

（图 3.3-18），以展露结构之美为核心，最大限度减少装饰，增大净高，以确保经济美观。

图 3.3-17　墙地顶对缝

图 3.3-18　弧形梁

6）柱脚

清水混凝土柱根据所处环境及位置，分别设计柱脚形式（图 3.3-19、图 3.3-20），在保证美观的同时起到防磕碰的功能效果。

图 3.3-19　圆弧柱脚

图 3.3-20　昆式柱脚

7）柱头收口

清水混凝土柱柱头与铝板相交处，用铝板做与清水混凝土柱圆弧边相同的收口（图 3.3-21），小巧精致。

图 3.3-21　柱头收口

8）城市通廊——光谷中庭

结构柱一侧有梁，一侧没有梁，做穿孔铝板包封（图 3.3-22、图 3.3-23），两侧对称一致。

图 3.3-22　铝板包封　　　　图 3.3-23　铝板包封细部

9）高架候车厅

部分造型铝板拼缝处用原子灰处理后喷铝板同色漆，进行无缝化处理（图 3.3-24、图 3.3-25），提升整体观感。

图 3.3-24　无缝化处理正视图

图 3.3-25 无缝化处理侧视图

10）高架卫生间

卫生间墙面铝板与地面增加不锈钢踢脚（图 3.3-26），防止旅客行走时踢到铝板，延长铝板使用时间，同时易于清洁；卫生间镜子增加磨砂纹样图案（图 3.3-27），增大空间效果，增强私密性，更加人性化。

图 3.3-26　卫生间墙面

图 3.3-27　卫生间镜子

11）防火卷帘下口收边处理

采用同材质进行处理（图 3.3-28），保证吊顶的整体性。

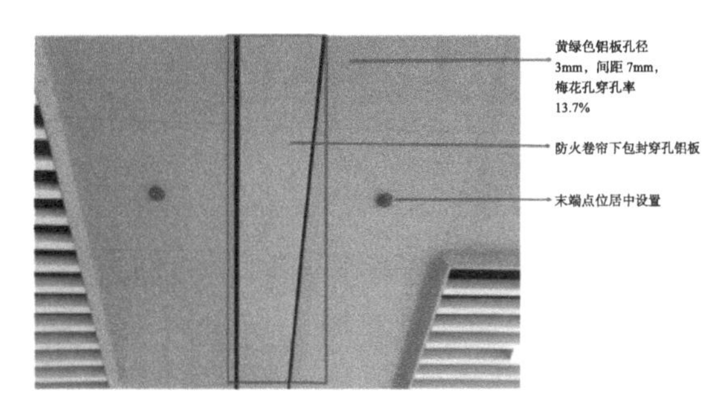

图 3.3-28 防火卷帘收口

12）回风口

回风口做铝板百叶，背衬穿孔铝板（图 3.3-29、图 3.3-30）。

图 3.3-29 回风口铝板

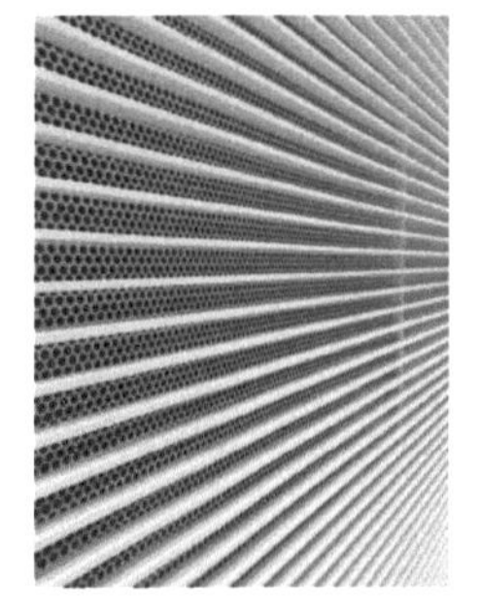

图 3.3-30 回风口铝板细部

13）站名牌

结合玻璃幕墙，站名大字背板采用一体化通透有机玻璃、无框连接体系（图 3.3-31），与整体空间设计相协调，在原有基础上强调视觉元素的贯穿统一和局部点睛，以体现“鼎新”之精神。

图 3.3-31 隐框式站名牌

3.4 杭州西站

1. 工程概况

杭州西站站房及相关工程选址位于杭州市余杭区仓前街道，新建杭州西站站房属于特大型铁路旅客车站，杭州西站总建筑面积约 51 万 m^2，其中站房面积约 10 万 m^2，包含地下停车夹层、地下广场层及地上 5.8m 夹层、站台层、候车层等。

杭州西站站房整体造型简洁大方，以云谷为中心轴两边对称布置，再结合云门凸显大气，十字天窗造型既满足了候车厅采光要求，也丰富了屋面整体造型，大型曲线挑檐弧线简洁有力地勾勒出站房整体形象（图 3.4-1 ~图 3.4-3）。

图 3.4-1　站房鸟瞰

图 3.4-2　站房南立面图

图 3.4-3　站房西立面图

2. 指导思想

立足国际视野、江南风格、杭州气韵、云上智能，致力打造开放、融合、科技、绿色的铁路站房；以一流的设计、一流的管理、一流的施工、一流的运维，建设具有世界先进水平的标志性建筑。

3. 精品工程管理

（1）创新引领

建设之初明确了从技术创新、管理创新、工艺创新、设备创新、品质创新、文化创新、绿色创新等八个方面开展创新引领工作。

（2）落实国铁集团“十六字”建设理念

坚持“畅通融合”理念，高质量实现站房工程的城市空间价值，坚持“绿色温馨”理念，高质量实现站房工程的人文生态价值，坚持“经济艺术”理念，高质量实现站房工程的经济美观价值，坚持“智能便捷”理念，高质量实现站房工程的便民服务价值。

（3）推进精益建造管理，落实“精心、精细、精致、精品”建设要求

深入推进精益建造管理措施，通过精心组织，精细管理，精致施作，实现精品工程。抓施工组织环节，抓关键部位优化环节，抓样板首件制作环节，抓深化细部方案优化节点设计，抓工艺质量控制环节，抓物资质量控制环节，抓工期计划控制环节。

（4）强化技术支撑

广泛运用先进技术，大力开展科技攻关，推广应用新技术。深入推进标准化管理；积极应用四新技术；提高施工机械化、工厂化水平；推行项目管理数字化、智能化、信息化；推行智能化设备应用；提升 BIM 工程应用能力；倡导绿色施工；利用科技进步推动现场施工管理。

4. 设计优化创新

（1）候车大厅方案动态优化

经过多次方案比选使候车大厅的方案逐步完善，从整体布局、流线设计、色彩规划、家具陈列、绿植等方面进行全方位的动态优化（图 3.4-4 ~图 3.4-6）。

图 3.4-4　杭州西站动态优化过程效果图

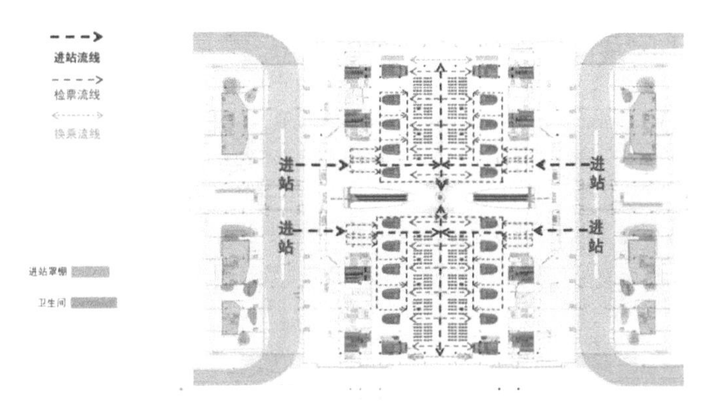

图 3.4-5　杭州西站流线图

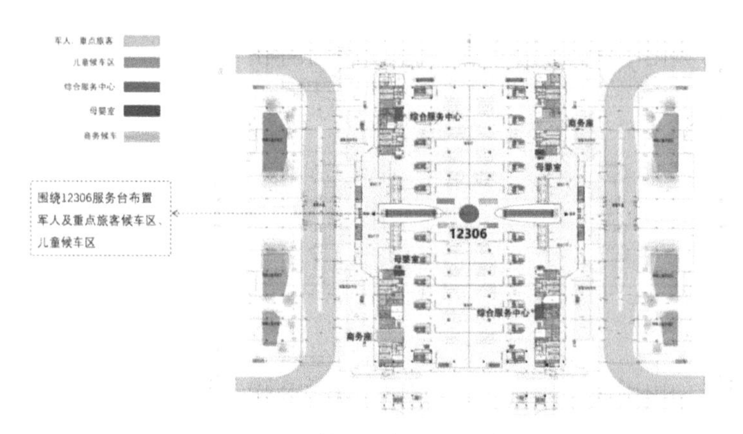

图 3.4-6　杭州西站平面功能布局图

优化过程中针对设备、电气、通信、信息屏幕、广播、静态标识等设施进行整合，同时考虑了客运处、车站、运营单位、商业等的需求达到整体协调。

（2）吊顶优化创新

整体板块划分与双曲线的实现见图 3.4-7。

图 3.4-7　吊顶整体板块划分与双曲线的实现

最初的设计方案吊顶采用交叉三角形拼块为一个单元组合的形式，中间斜线部分采用间隔镂空，穿孔部分为侧向压花折边。根据整体的钢结构形式，划分每个单元块以直代曲来实现整体空间效果（图 3.4-8 ~图 3.4-10）。

图 3.4-8　钢结构现场照片

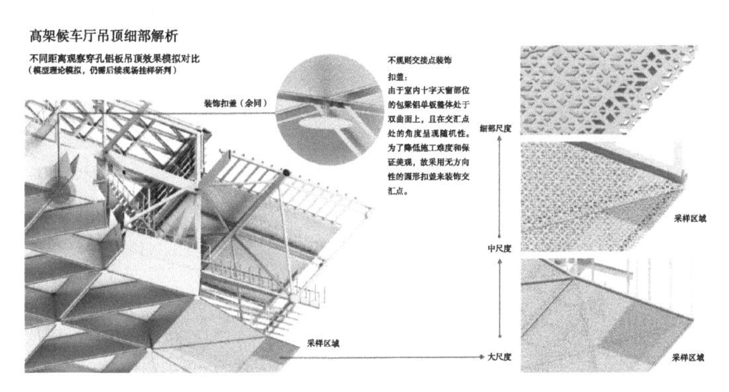

图 3.4-9　穿孔铝板尺度研究

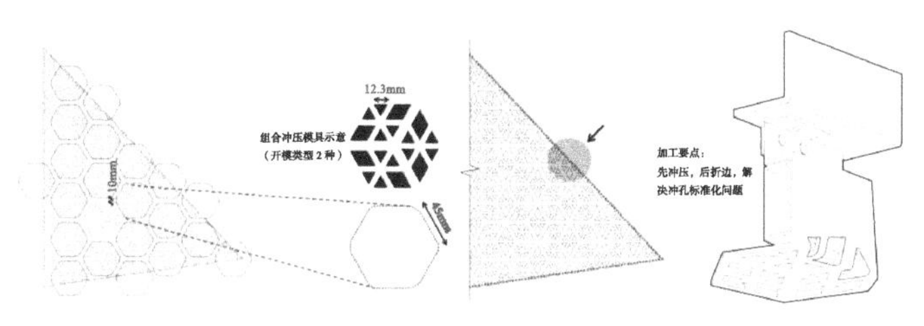

图 3.4-10　穿孔铝板图案细节研究

第二次优化方案比选探索了每个单元板块之间的距离，根据钢结构造型，纵向主线加大空隙为 300mm，横向为 150mm，这种做法消除了板块之间的细节上的误差，体现了整体钢结构的顺直，并避免了以直代曲视觉上线条的不流畅（图 3.4-11 ~图 3.4-15）。

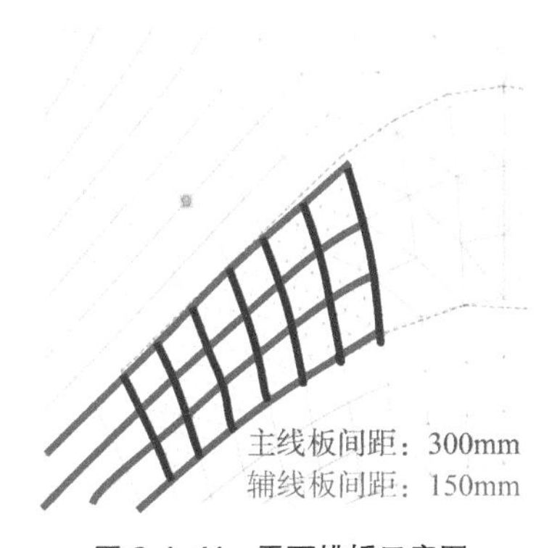

图 3.4-11　平面排板示意图

图 3.4-12　现场实际效果

图 3.4-13　Rhino 模型（一）

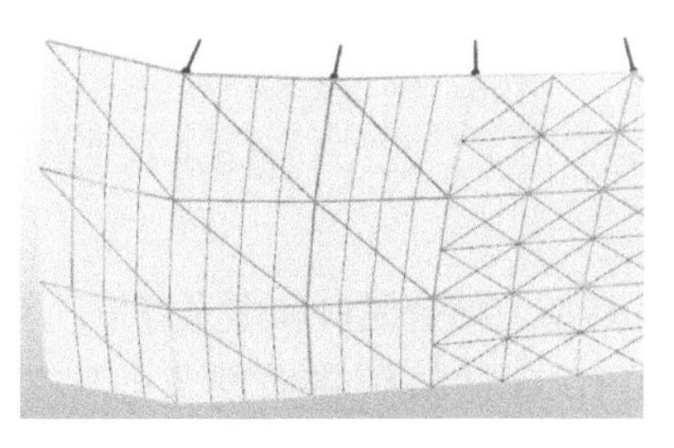

图 3.4-14　Rhino 模型（二）

图 3.4-15　实景图

最终优化方案为取消原设计三角形拼接，以直线分割单元板块，解决了整体视觉效果上的统一性，避免了原设计方案中三角拼接的错乱感，整体空间造型实现统一协调。

（3）浮岛立面优化——新材料与新形式的结合

在浮岛一圈檐口收口处经过方案比选，最终选用 GRG 为主材，造型上符合杭州西站“云”含义，在工艺上达到无拼接缝隙，整体效果更好（图 3.4-16）。

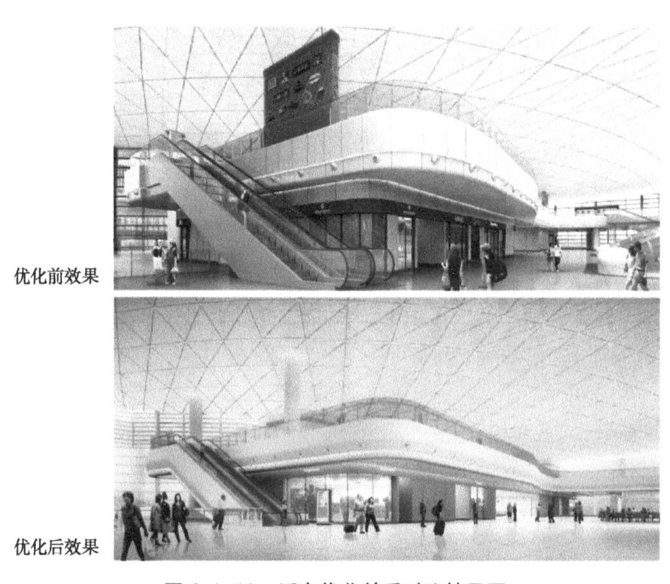

图 3.4-16　浮岛优化前后对比效果图

在 GRG 造型上结合风口和虚光灯带，风口采用倒圆弧角内嵌式（图 3.4-17、图 3.4-18），充分利用了 GRG 材料做曲面细节的优势和特性，搭配虚光灯带营造云朵漂浮的空间感。

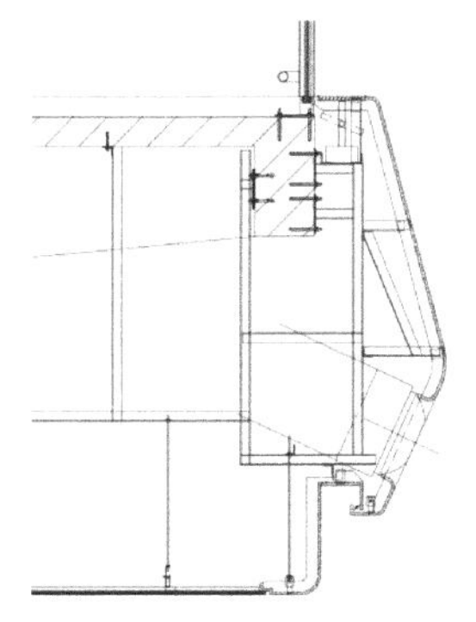

图 3.4-17 浮岛 GRG 剖面图

图 3.4-18 浮岛 GRG 完成后效果

在四周浮岛的设计上结合功能对门窗洞口进行整合排布，对土建结构重新进行了整改，静态标识与门洞口通长，整齐划一，达到视觉效果上的一致性（图 3.4-19 ~图 3.4-22）。

图 3.4-19 浮岛未整合洞口之前效果图

图 3.4-20 浮岛整合洞口之后效果图

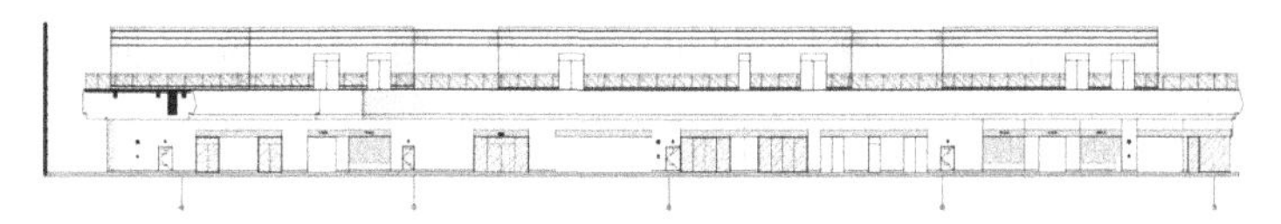

图 3.4-21 浮岛整合洞口之后立面图

图 3.4-22 浮岛整合洞口之后局部效果图

在浮岛上的商业区重新设计了外观立面材料，选用与外幕墙一致的香槟银色铝板，增加收边细节（图 3.4-23）。

图 3.4-23　浮岛商业区调整后效果图

（4）地面铺装与座椅灯具布局优化与创新

1）地面铺装优化

对整个空间造型进行系统性整合。演化屋顶顶棚的十字天窗元素为整体形态并运用在地面铺装，通过不规则的渐变手法从大厅中央向外扩散；通过颜色深浅变化，体现出空间的进深感；休息座椅采用深蓝色，使地面区域更加稳重，亦体现出了品质感（图 3.4-24、图 3.4-25）。

图 3.4-24　候车厅中心部位地面拼花效果图

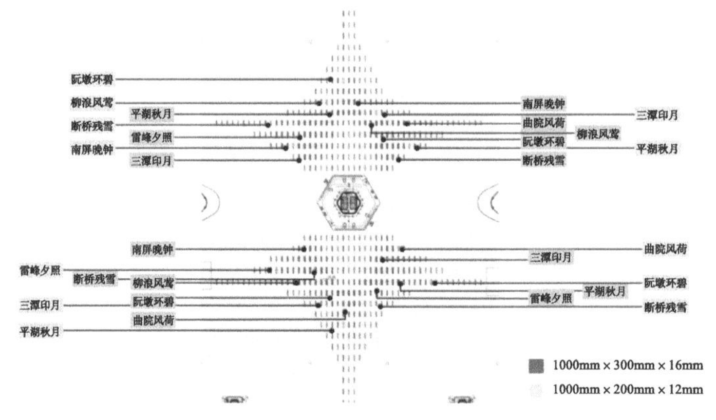

图 3.4-25　地面拼花平面跳色排板图

地面跳色石材根据现场做实样比对，最终选择咖啡钻石材，与整体大厅色彩和铜板艺术雕刻画更为搭配（图 3.4-26）。

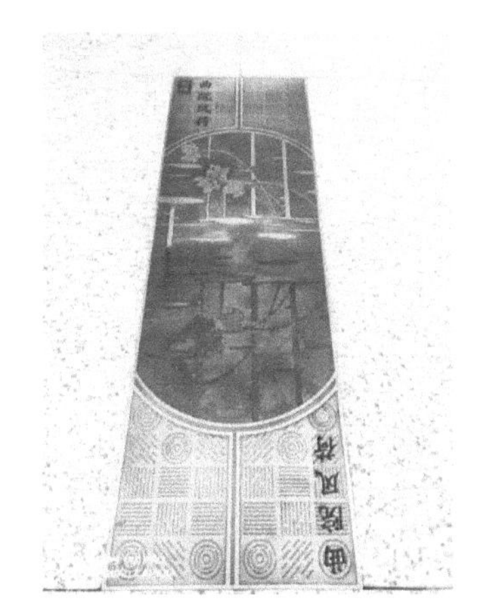

图 3.4-26 地面铜板打样地坪跳色石材选样

2）灯光设计优化

整体候车厅空间在深化设计过程中不断调整灯光、照明的协调性，最初因其照度要求下的吊顶光源和应急照明设备数量众多，影响大吊顶的观感，优化后减少吊顶光源，利用地面罩棚、浮岛、送风单元补光，加之在地面旅客区域加入灯杆，故将吊顶光源从一开始的 36 个，逐渐经过灯光顾问的计算调整到 18 个，位置居于旅客集中和相对光线比较弱的区域内（图 3.4-27）。

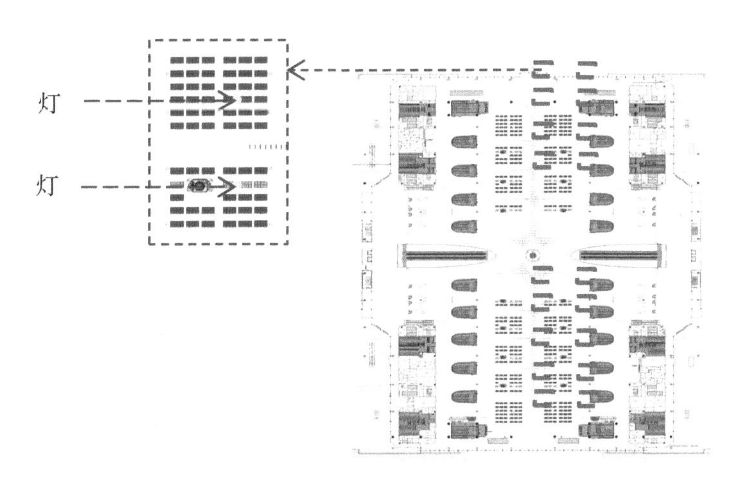

图 3.4-27 候车大厅灯光调整后定位图

第一版方案：

灯杆分布在座椅及安检区，共 68 套。

调整后 18 套灯杆照度模拟计算见图 3.4-28（因透光膜开启时间有限，此结果未计算透光膜照度，仅计算直射与反射光源数值）。

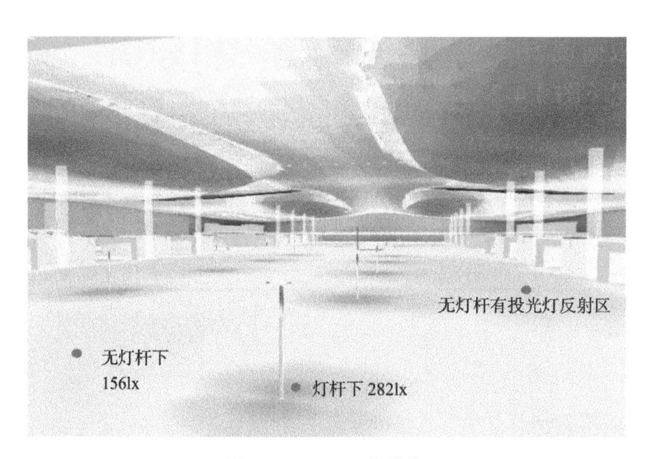

图 3.4-28　照度模拟

第二版方案：

取消安检区灯杆，移动到座椅区，安检区增加筒灯功率，每组座椅 4 套灯杆，灯具位于座椅方阵四角，共 72 套。

调整后的实施方案：减少至每组座椅 1 套灯杆，灯具位于座椅方阵中心，对应柱子放置在座椅之间，共 18 套。

3）送风单元的优化与创新

送风单元经过几轮调整，从形体、材质、体积、风口形式、机电等方面，结合广告、静态标识、LED 信息屏幕等进行了优化（图 3.4-29 ~图 3.4-32）。

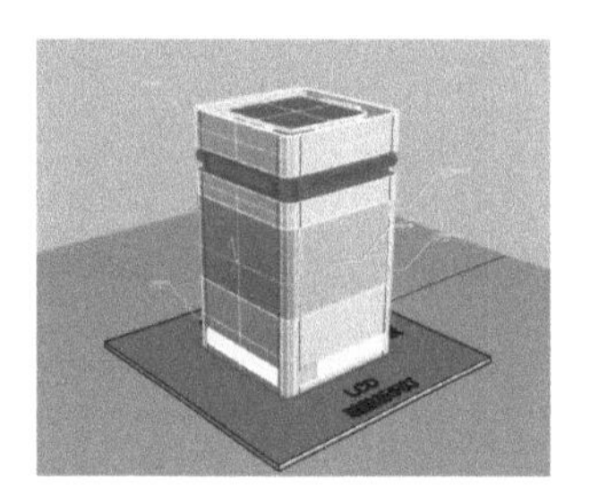

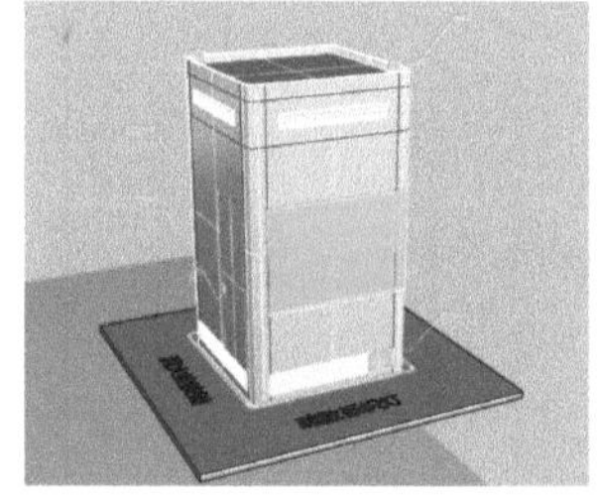

图 3.4-29　送风单元原方案

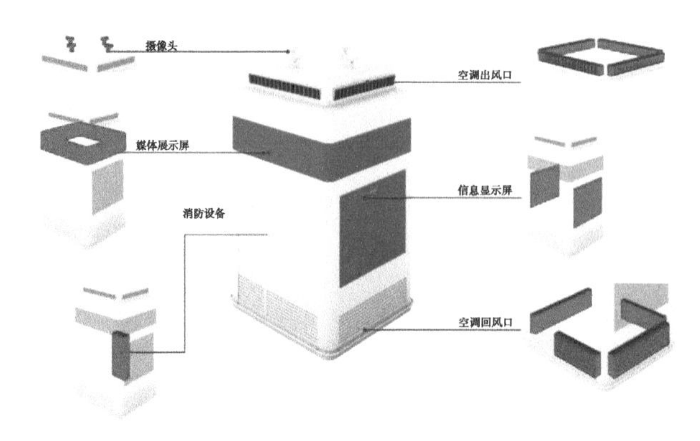

图 3.4-30　送风单元优化方案

图 3.4-31 送风单元优化方案

①顶部造型采用 15mm 厚白色 GRG。
②墙身采用 2.5mm 厚白色铝板。
③安装设备送风口采用白色鼓形风口，回风口采用白色栅格百叶。
④信息设备摄像头均以白色为主色。
⑤踢脚采用仿石材浅灰色 GRC。

栅格百叶

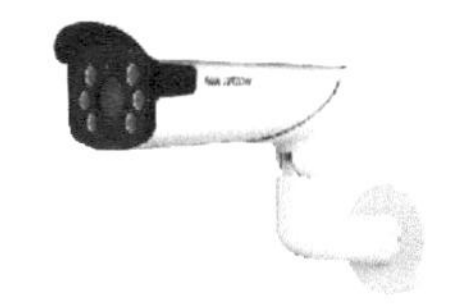

摄像头

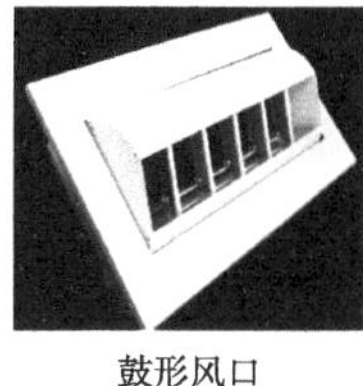

鼓形风口

图 3.4-32 送风单元相关设备

（5）12306 服务台设计优化创新

1）风塔造型整体优化与深化设计

风塔原设计方案见图 3.4-33。

图 3.4-33 原方案效果图

风塔优化后的方案见图 3.4-34 ~图 3.4-37。

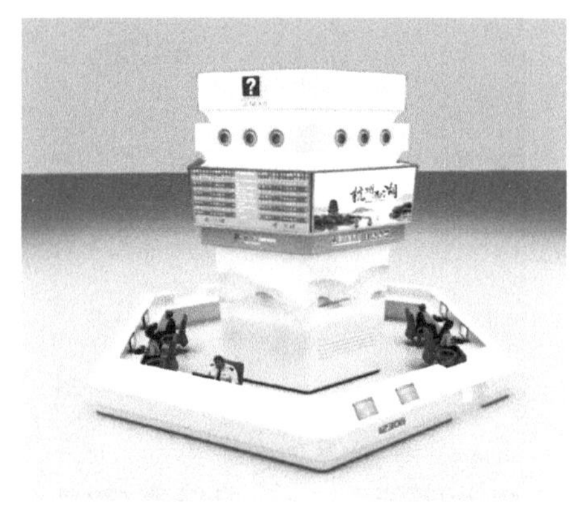

图 3.4-34 优化后方案效果图

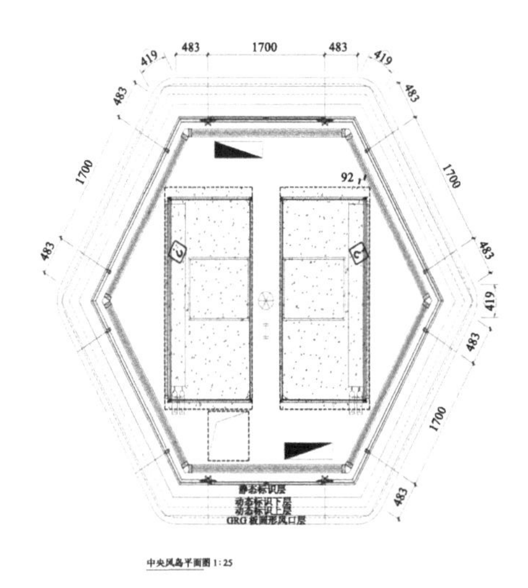

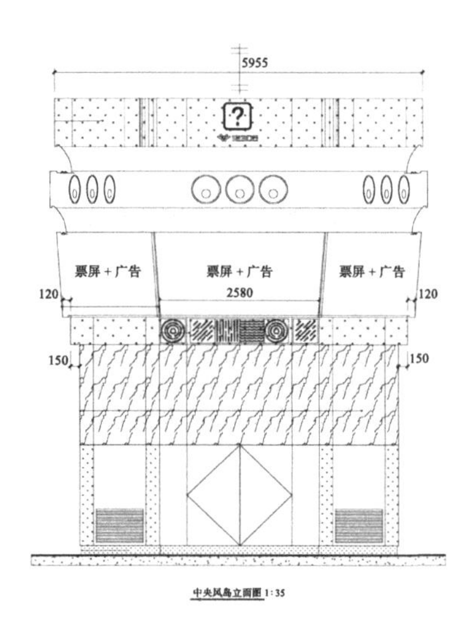

图 3.4-35 优化后方案施工图

图 3.4-36 文化元素（江南山水图）

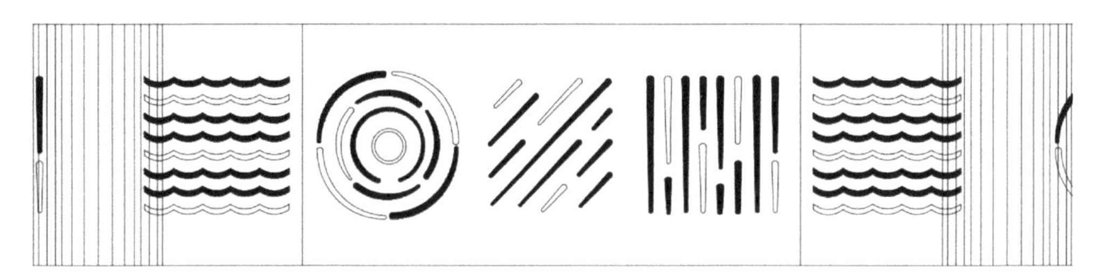

图 3.4-37 文化元素（玉礼云出—烟雨、竹屋、水波、网络、数字、云端）

风塔总体优化设计说明：

风塔造型上紧扣“云”的主题，云出流动、层层叠叠，同时融入杭西的文化元素（江南山水图，玉礼云出的烟雨、竹屋、水波、云端，体现地方特色文化。

工艺上采用了 GRG 一体成型的工艺特点，细节处采用铝板雕刻，采用瓷砖拼贴山水画，处处彰显细节。

中间送风单元由于设备比较大，增加了风塔的直径，为了优化中间直径又粗又笨的弊端，外围造型上采用倒梯形几何形体，中间结合功能性层层划分，既优化了形体又结合了“云”文化的主题。

2）12306 服务台整体优化与深化设计

12306 服务台采用六边形，依风塔外形延伸，表示迎接八方来客，视觉边界广阔，结构上划分层次，采用云纹人造石纹理，契合站房“云”主题（图 3.4-38、图 3.4-39）。

图 3.4-38　原方案效果图

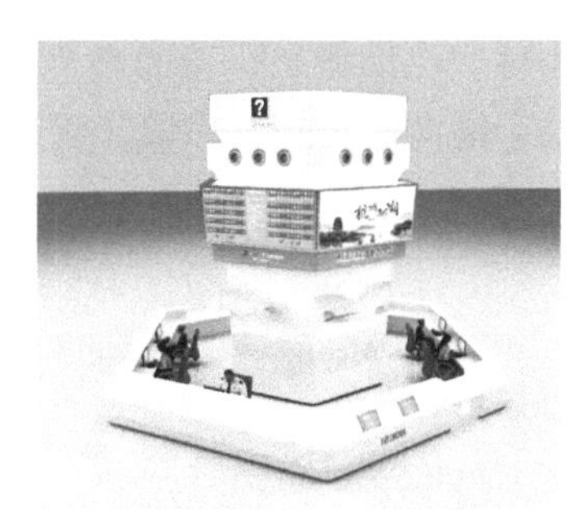

图 3.4-39　优化后方案效果图

12306 服务台方案施工图见图 3.4-40。

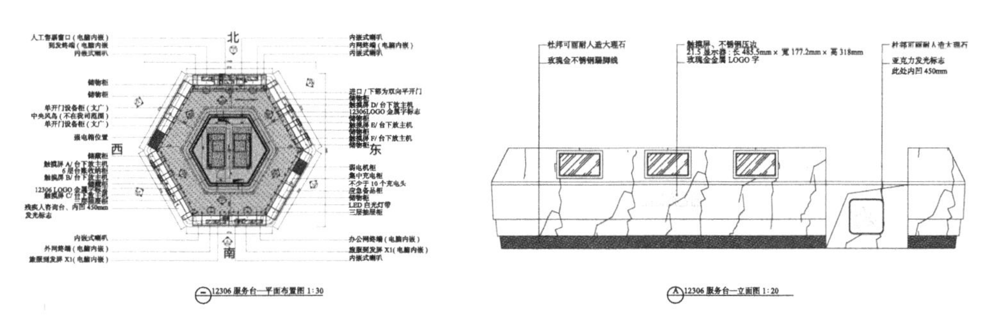

图 3.4-40　12306 服务台方案施工图

（6）综合服务中心的优化

通过方案比选、样板展示等手段，综合考虑整体布局、使用功能、施工工艺等各方面因素，多次优化以呈现最佳效果。主要优化区域集中在综合服务中心背景墙、售票柜台、自助售票机形式，以及静态标识的呈现形式上。为保证综合服务中心与候车层整体风格的一致性，墙面的 GRG 造型以及墙面铝板材质仍维持原方案，侧帮与栏杆扶手造型与旅客通道贯穿形成整体；综合服务中心空间内同样运用弧线造型形成 L 形，设计感十足且颜色为白色，让空间更加明亮，整个空间设计语言极其统一是此区域的一大特点（图 3.4-41）。

图 3.4-41　综合服务中心优化图（一）

首次优化主要针对售票机上方的信息屏，根据使用功能需求取消了信息屏，增加了横向静态标，自助售票机墙面整体采用不锈钢饰面板，灰色调与售票机颜色统一成一个色系，结合横向通长静态标识，营造简洁大气的空间效果（图 3.4-42）。

图 3.4-42　综合服务中心优化图（二）

二次优化根据功能使用需求，调整了内部布局，墙面增加了 VIP 候车区入口。根据布局重新调整整体造型，减少售票机数量，将静态标识由横向调整为竖向，重新整合空间色调，提亮背景墙色调，统一材质，使空间更加整体协调。

在上一轮优化的基础上再次优化，将静态标识挪到外立面，减少立面的竖向分隔造型；除了满足功能需求、美观需要外，还融入了文化艺术元素，背景墙上以“烟雨西湖”为意向表现西湖荷塘美景，以现代几何图形化的处理方式体现“荷叶”及“荷花”的元素形态。工艺为金属切割以及玉石镶嵌。通过玉石的材质美，体现江南韵味；荷塘中的荷叶表现江南生态之美，荷叶托起荷花，绽放江南水乡之美，也正如同“云”将杭州未来之城推向世界。并在售票厅台细节上做了优化，在无障碍柜台处做了升降台面，在满足功能的同时兼顾了美观。

除了方案上的优化，在施工细节上也调整了许多细节，比如：GRG 灯槽位置的接口，原来设置在阳角的位置，优化后改到了阴角位置；消火栓暗门分隔位置，以及铝板分隔位置等。

（7）站台层优化

14.5m 原站台方案见图 3.4-43、图 3.4-44，站台优化设计方案见图 3.4-45。

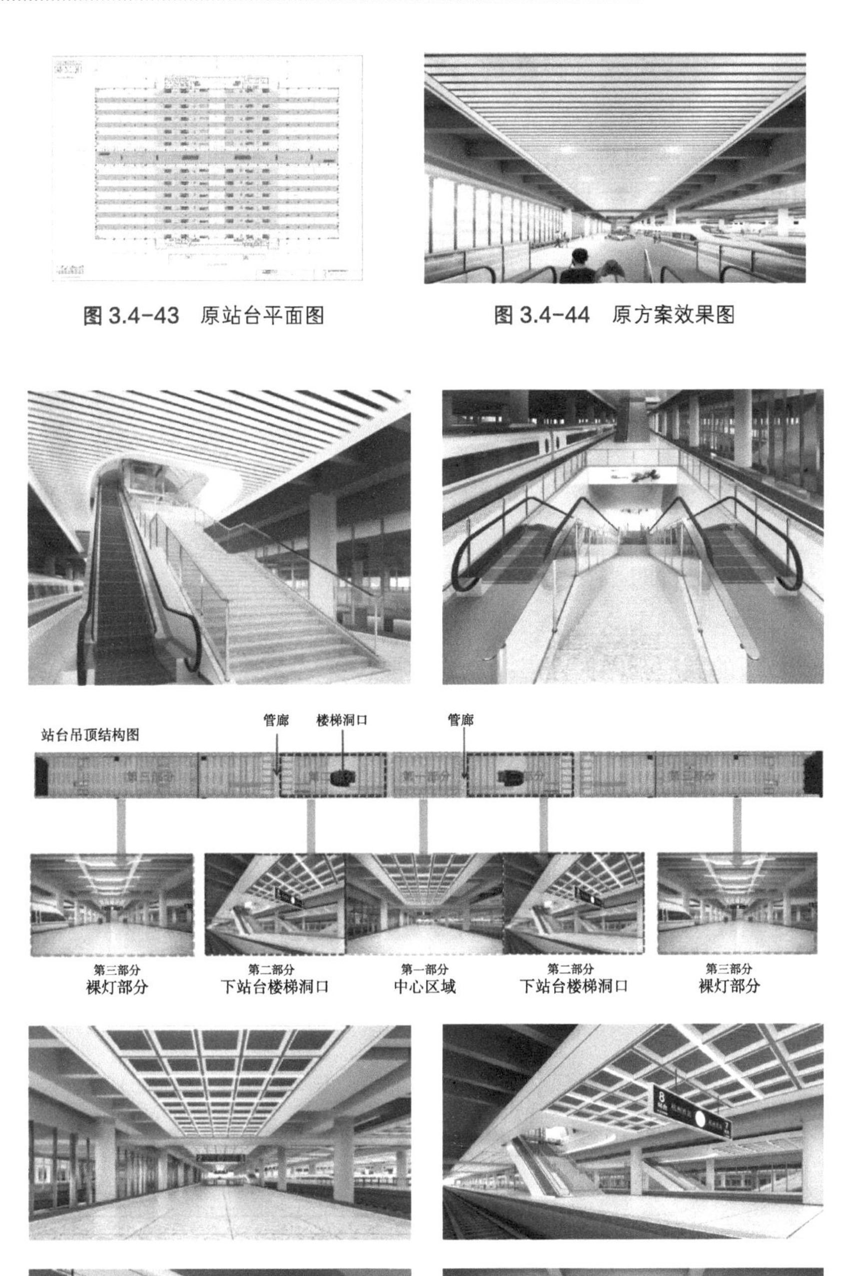

图 3.4-43 原站台平面图

图 3.4-44 原方案效果图

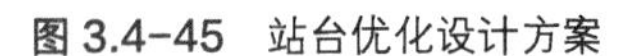

图 3.4-45 站台优化设计方案

①设计灵感来源于外观、形态、取意、意义四个方面。

②外观——延续站房的曲线风格，与整体外形和 31m 平台的曲线形态拟合。

③取意——文化传承取自荷叶的外观线条和“断桥残雪”中断桥的表面曲线（图 3.4-46）。

④意义——造型大胆创新，契合杭州西站宣传中“在杭西”的精神，成为旅客记忆中的焦点。引断桥之形、续杭西之情、营站房之美！

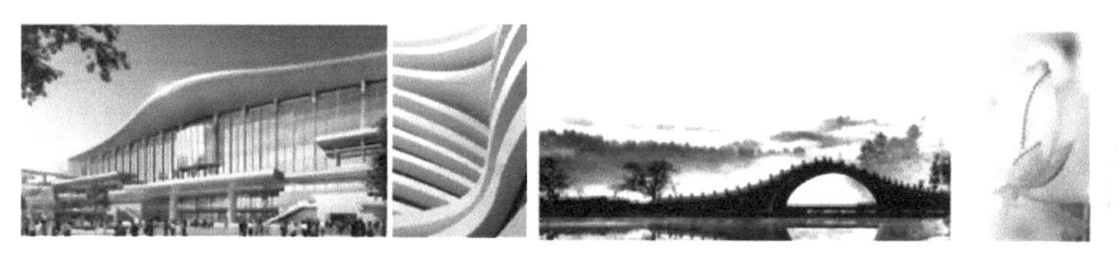

图 3.4-46　意向图

站台总体优化设计说明：

站台——抵达一座城市的第一印象。

它是一个城市的门户，体现这座城市的精神、文化。

中间藻井区设计：延续候车厅的设计方式，运用抽象几何元素循环排列，形成多方连续的阵列图案，风格上与候车大厅相互呼应。

站台两端头采用落顶装饰与顶部原始结构梁有序排列，经济艺术！定制造型灯见图 3.4-47。

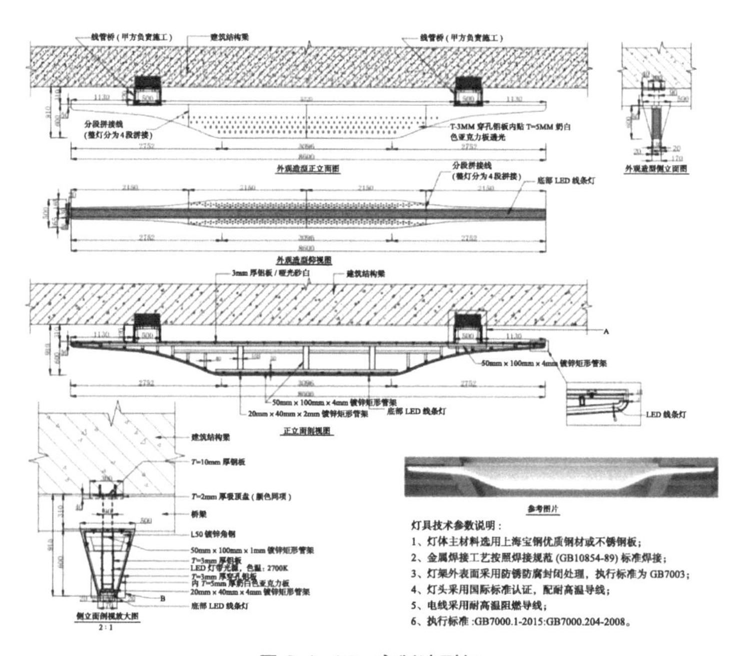

图 3.4-47　定制造型灯

（8）城市通廊优化创新

对城市通廊的吊顶与集成设备及灯具进行优化创新，见图 3.4-48。

图 3.4-48 城市通廊优化前后对比效果图

吊顶与灯具优化：

优化前，原照明为两条 150mm 成品 LED 灯箱，两者之间嵌 150mm 宽 3mm 厚穿孔铝板。灯箱与吊顶离缝 20mm，两侧一致（图 3.4-49）。

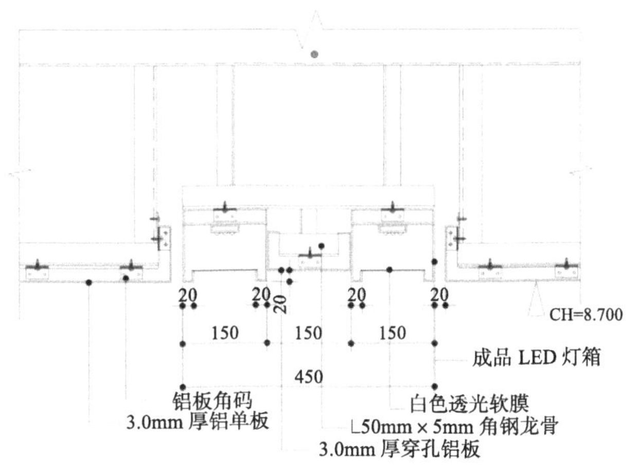

图 3.4-49 原设计吊顶与灯具剖面图

优化后，采用定制双弧灯（图 3.4-50、图 3.4-51），其外形为 1.5mm 厚铝型材、背板冷板一体挤压而成，表面静电吸塑白色，弧形面板为纳米漫反射 98 粉，背板预留孔直径 150mm，壳体背部开吊筋孔 10mm × 30mm。

图 3.4-50 城市通廊双弧灯现场照片

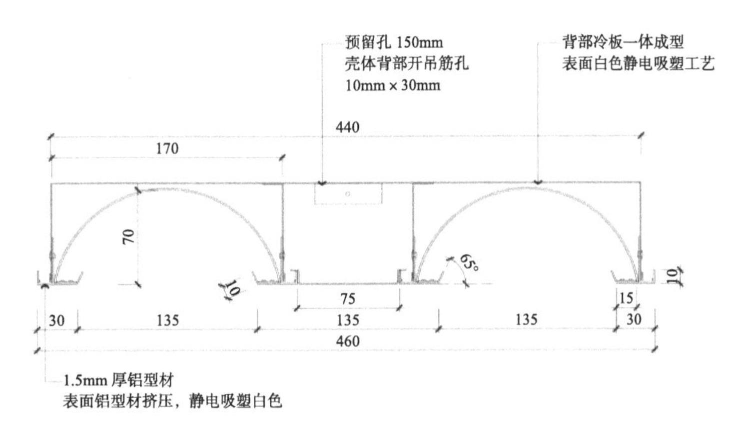

图 3.4-51 城市通廊双弧灯节点图

纳米漫反射 98 粉采用高科技纳米技术制成，具有非常好的光学特性。其光线柔和、避免眩光、耐高温、节能、环保、可塑性强，可根据设计要求定制各种造型，以满足不同空间氛围的需求，避免了传统 LED 灯箱造型单一、漏光、老化变色等问题，光源检修、替换更加便捷。

（9）立柱与广告标识结合优化创新

优化前，原设计为圆柱，主材为 3mm 厚阳极氧化板，板与板连接处密拼。踢脚为 300mm 高 3mm 厚异形灰色不锈钢，踢脚与铝板连接处设有 15mm × 15mm 异形不锈钢装饰凹槽，距地 900mm 高以上设有 1500mm 高 LED 屏，距地 2400mm 以上设有 700mm 高城市文化展示，消火栓为暗藏式，竖跨 LED 屏和铝板，位于 LED 位置的消火栓门片为 1.5mm 厚不锈钢饰面，柱体的上方设有亚克力发光指示字。

由于土建结构柱尺寸巨大，斟酌后在保持原设计的前提下，对柱子的外形进行了优化，将圆柱改为方形倒角柱作为比对（图 3.4-52、图 3.4-53）。

图 3.4-52　比选圆柱样板现场效果

图 3.4-53　比选方柱样板现场效果

样板完工后，从设计、比例、外形、结合文广信息对柱体进行了整体优化：

①不锈钢踢脚由原来的 300mm 降低至 150mm，内嵌于柱体。

②踢脚上方的铝板增高至 1700mm，满足消火栓的高度要求，消火栓暗门同墙面铝板色。

③ LED 屏和文化展示信息合二为一，整体抬高放大至 4450mm。

④柱子确定为方形倒角柱。

优化后的柱体轻盈、现代，广告与铝板融为一体、虚实结合，视觉上有效弱化了原结构柱庞大体量带来的空间压抑感，是集功能与艺术为一体的设计（图 3.4-54、图 3.4-55）。

图 3.4-54 现场照片

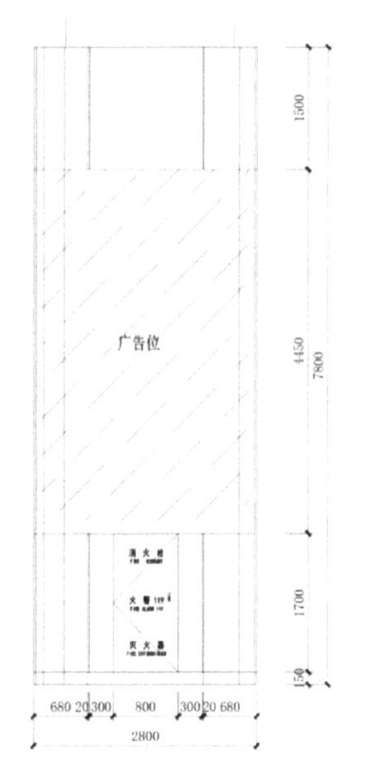

图 3.4-55 优化后立面图

（10）卫生间设计优化

空间布局优化：

对卫生间的布局进行优化，原方案第三卫生间和洗手台空间狭长，进门玄关处距离短，第三卫生间门正对候车厅不便于旅客隐私（图 3.4-56）。

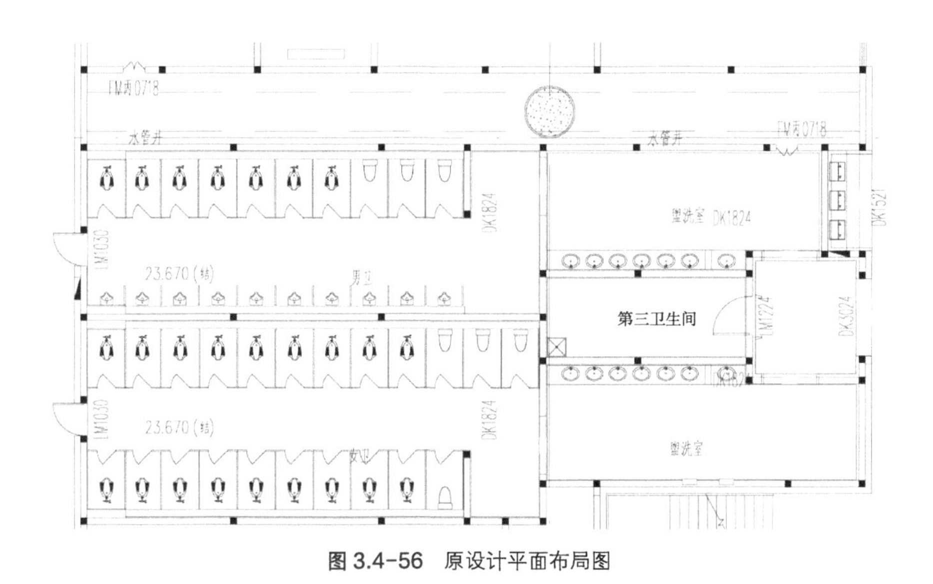

图 3.4-56 原设计平面布局图

对平面优化后的方案把进门整体空间打开，显得更加宽敞，第三卫生间布置于侧面，在保证使用空间符合标准尺寸的同时避免了视角的问题，增加了清洁间，整体空间利用率更高，洗手台分性别设置，防止旅客拥挤，为女卫生间增加梳妆台，提升整体品质（图 3.4-57）。

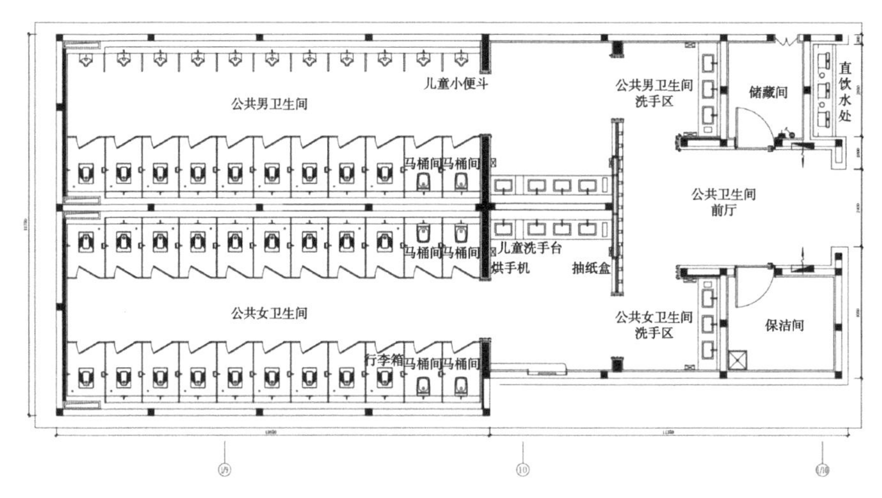

图 3.4-57　优化后平面布局图

原方案设计中整体色彩采用黑白灰色调，整体氛围现代简洁时尚（图 3.4-58、图 3.4-59）。

卫生间（角度一）

设计说明：
空间主体色调为黑白灰，简洁大方，它不仅服务于使用者，也服务于其周围的环境。

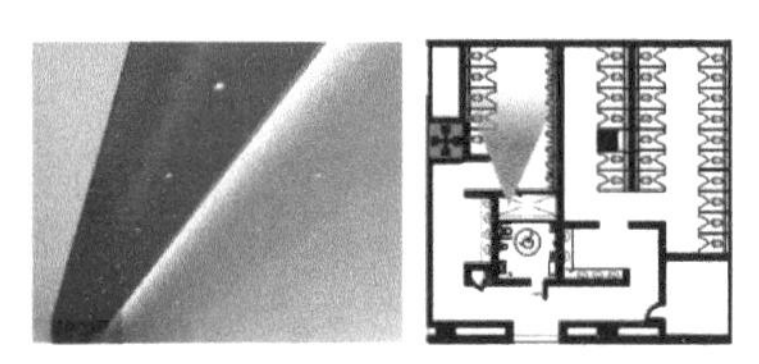

图 3.4-58　原设计方案效果图（一）

卫生间（角度二）

设计说明：
空间主体色调为黑白灰，简洁大方，它不仅服务于使用者，也服务于其周围的环境。

图 3.4-59　原设计方案效果图（二）

对平面布局进行调整后，门口改成与候车厅一致的木纹铝板，作为候车厅的延续，增加标识系统作为导视，整体流线通畅（图 3.4-60、图 3.4-61），但是室内作为高铁客站公共空间略显冰冷，所以对方案又进行了持续优化。

图 3.4-60 第一次优化效果

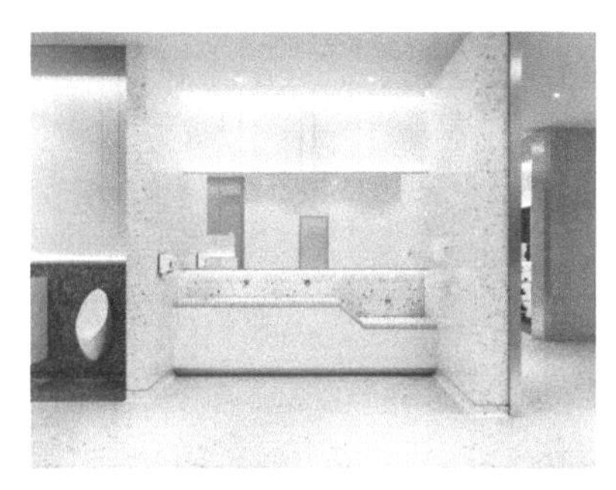

图 3.4-61 第一次优化效果

最终优化版方案在入口空间增加四个文化主题背景色（春绿、夏阳、秋黄、冬雪），整体色调中点缀暖色材料，用壁画、绿植打造温馨舒适的氛围。

材料上首次在铁路车站采用水磨石大板块瓷砖，并不做美缝打胶，采用自然开缝处理，做工精细，整体效果更加自然美观。

卫生间最终优化效果见图 3.4-62 ~图 3.4-64。

图 3.4-62 卫生间最终优化效果（一）

图 3.4-63　卫生间最终优化效果（二）

图 3.4-64　卫生间最终优化效果（三）

第三卫生间给旅客提供简洁、干净、清爽、温馨的使用环境，见图 3.4-65。

图 3.4-65　第三卫生间最终优化效果

（11）客运生产服务分中心方案设计优化

原方案综合控制室作为功能性用房并未在装饰效果上做装饰性效果，只做基础装修，顶面为硅酸钙板吊顶，墙面为无机涂料，地面为防静电地板；目前很多站房都不太重视消防控制室的内部装修，普遍采用基础装修。

方案优化时打破传统观念，将消防控制室打造成一个科技感十足的现代空间；优化方案根据使用方各个专业需求将消防控制室整体布局做了优化整合，合理布置了控制台，以及满足该区域工作人员日常需求的置物台和会议区；对内部动线同时做了调整，将整个大空间分隔成了三个区域：前厅区域、控制台区域和会议区；将控制台与会议区分设于前厅两侧，会议与工作互不干扰；利用前厅背景墙后方的空间设置了置物台，供工作人员放置常用物品，使空间布局使用更加合理，动线更加清晰（图 3.4-66、图 3.4-67）。

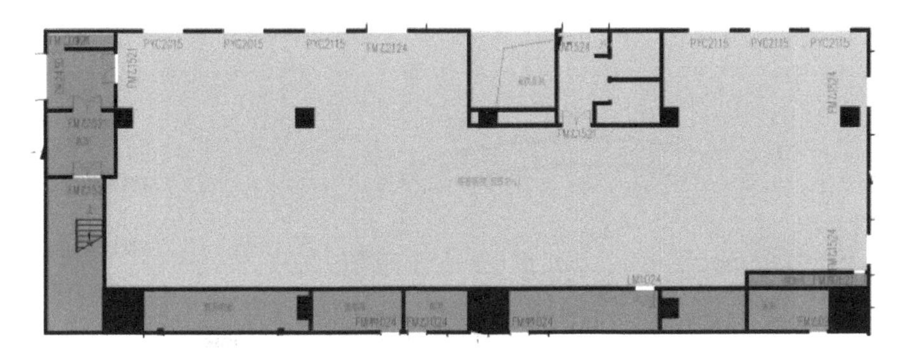

图 3.4-66　布局优化前

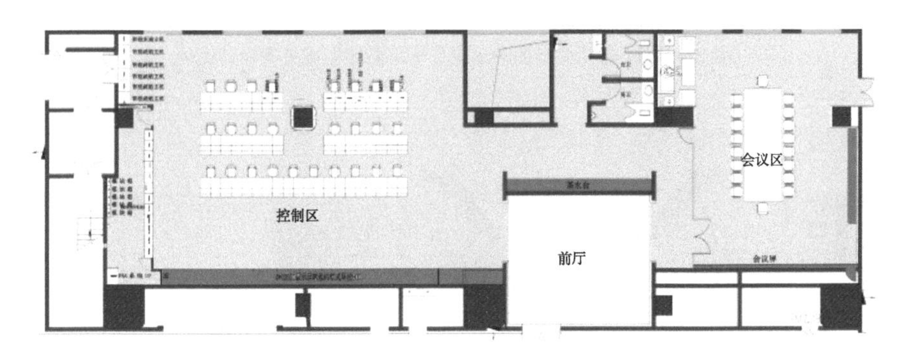

图 3.4-67　布局优化后

布局优化后，对装修方案也做了优化，消防控制室需要整面墙的大屏幕及操作台，本就是一个具有科技感的空间，所以在装修方案优化上也采用了具有科技感的元素，在色调上，采用了最具科技感的蓝色，搭配钢板的香槟银色，再加上几何线条的 U 形灯带，营造出时空隧道的氛围，U 形灯带两侧设置了 5cm 的凹槽，顶面风口选用爪形风口，一爪宽度刚好嵌入灯带两侧凹槽内，设备与造型相结合，使前厅观感更为简洁。在与城市通廊色调相呼应的前提下增加了科技感。

在材料选用上，根据规范要求采用防火等级为 A 级的材料，墙面采用了钢板、铝板及背漆玻璃，顶面采用灯膜及轻钢龙骨石膏板，地面采用仿瓷砖纹理的防静电地板，在满足规范要求的同时也满足了造型需求。

客运生产服务分中心优化效果见图 3.4-68 ~图 3.4-70。

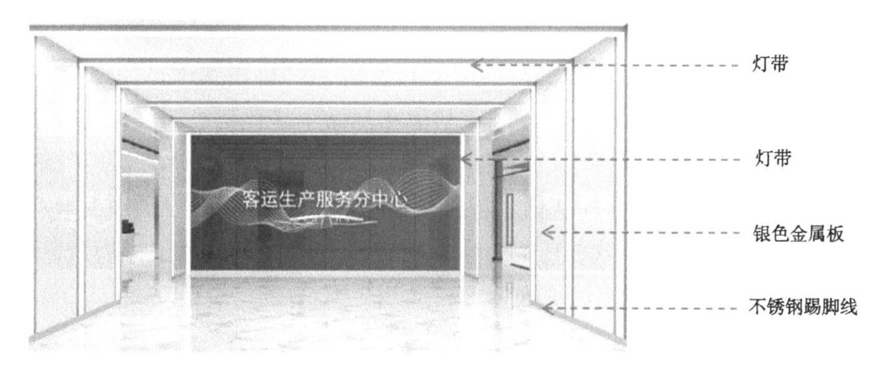

图 3.4-68　客运生产服务分中心—入口处方案设计优化

图 3.4-69　客运生产服务分中心—消防控制室方案设计优化

图 3.4-70　客运生产服务分中心—会议区方案设计优化

（12）候车室设计优化创新

1）商务候车室

原方案平面布置图见图 3.4-71。

优化后平面布置图见图 3.4-72。

优化后的效果图见图 3.4-73。

门口 & 过道：造型通透，富有层次，设计语言涵盖云、水、月，采用竹影灯箱烘托氛围。过道：顶部设计流水造型，诠释天共水，水远与天连。左右两侧装饰以竹为元素的条形格栅。商务候车室各空间效果图见图 3.4-74。

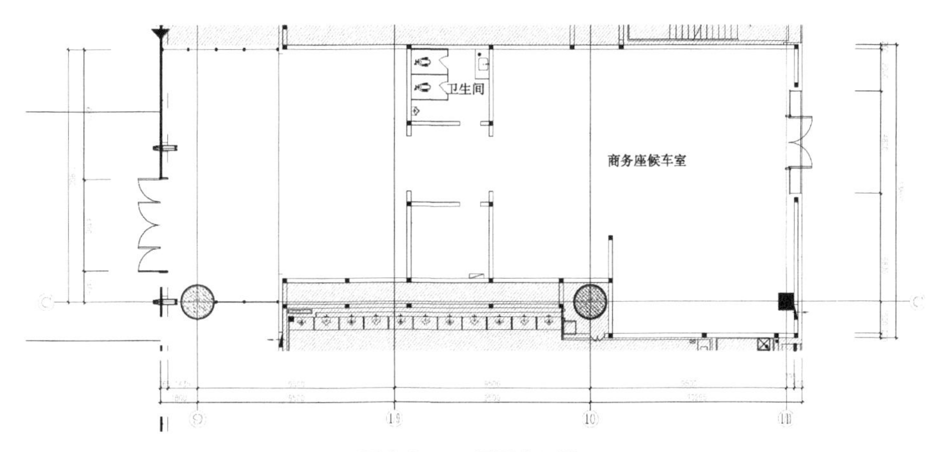

图 3.4-71 平面布置图

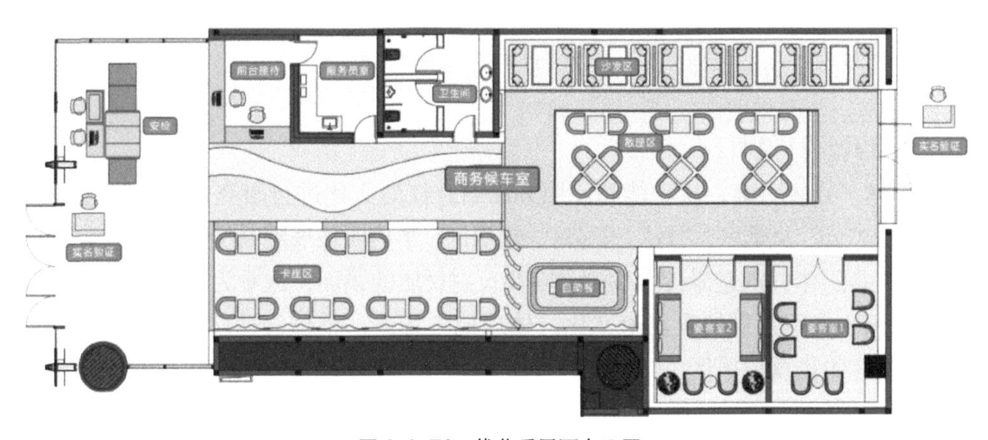

图 3.4-72 优化后平面布置图

入口　　门厅　　过道

图 3.4-73 入口、门厅、过道

卡座区　　三座区　　沙发区

图 3.4-74 商务候车室各空间效果图（一）

沙发区

岚烟区隔断

自助区

要客室 1

要客室 2

图 3.4-74　商务候车室各空间效果图（二）

商务区优化设计说明：

布局合理，分区明确，从功能和使用方面结合江南文化进行研究划分，“水”碧虚区，“竹”明轩区，“云”岚烟区，“月”玉弓区、银盘区，半透明玻璃隔断提取诗词与山水印于隔断上，点明主题。半月的造景配合底部具有高反射材质的镜面，远看为半月，近看为满月。

色调沉稳，中间背景契合江南文化，体现地方特色，整体舒适实用。

2）母婴室和儿童娱乐区

母婴室原平面布置图和优化后平面布置图见图 3.4-75、图 3.4-76，母婴室效果图见图 3.4-77。

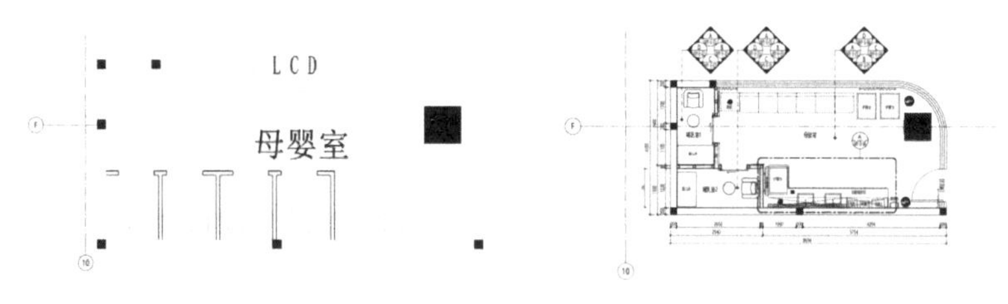

图 3.4-75　原平面布置图　　图 3.4-76　优化后平面布置图

图 3.4-77　母婴室效果图

母婴室优化设计说明：

色彩上采用江南玉礼云出的玉色，配色清新愉悦，木地板家具等显得温馨舒适，采用充满童趣的装饰物，可满足儿童视觉感受，特设功能服务区，满足母婴需求。

儿童娱乐区原平面布置图见图 3.4-78。

儿童娱乐区优化后平面布置图见图 3.4-79，优化后效果图见图 3.4-80。

儿童娱乐区优化设计说明：

儿童娱乐区域划分比较合理，色彩功能文化合理，围栏文化有多种形式，可以根据不同的文化元素进行切换，围栏提炼与杭州西站设计理念相符的“云”“水”等元素，呈现效果与整体氛围相协调，重点侧重于空间的使用功能。

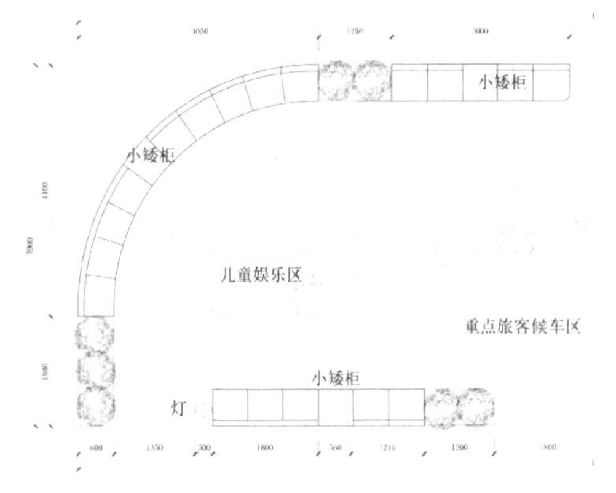

图 3.4-78 原平面布置图

3）军人候车区

军人候车区原平面布置图见图 3.4-81。

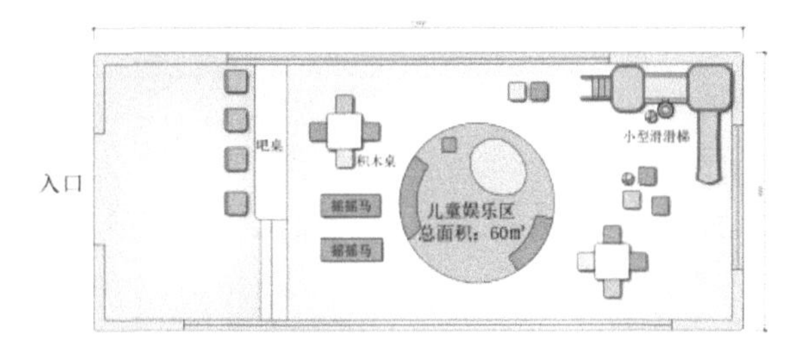

图 3.4-79 优化后平面布置图

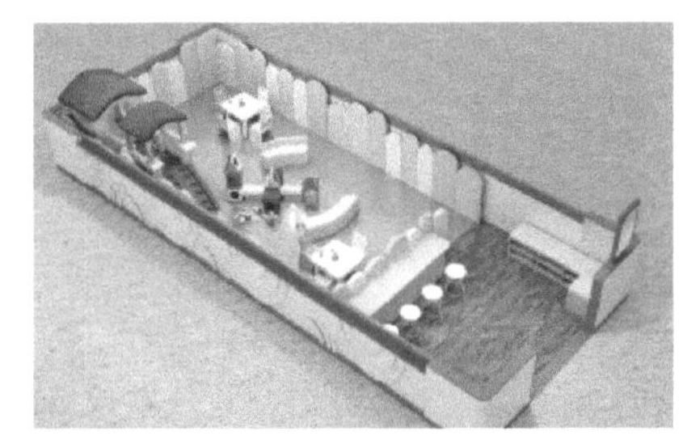
图 3.4-80 优化后效果图

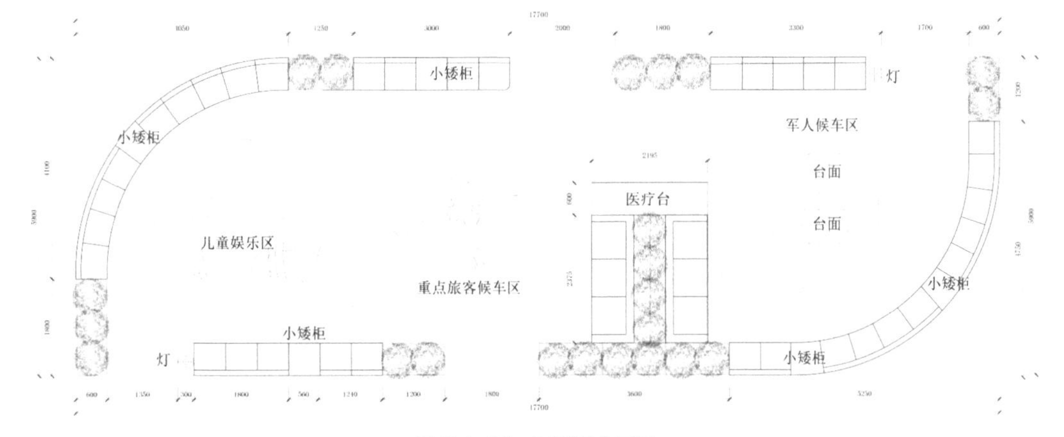

图 3.4-81 原平面布置图

军人候车区优化后平面布置图和效果图见图 3.4-82、图 3.4-83。

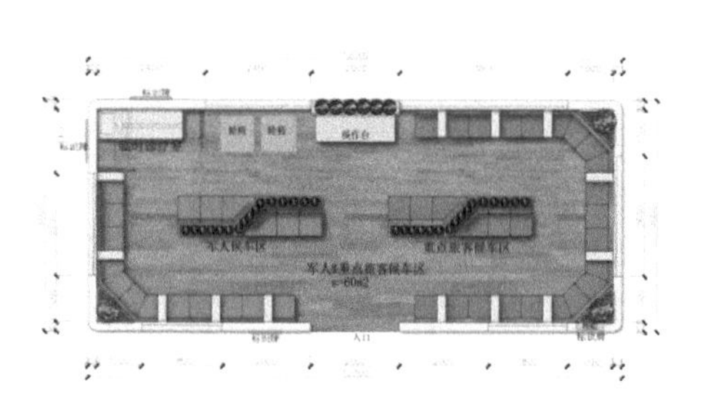

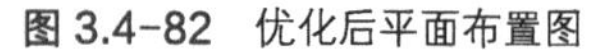

图 3.4-82　优化后平面布置图

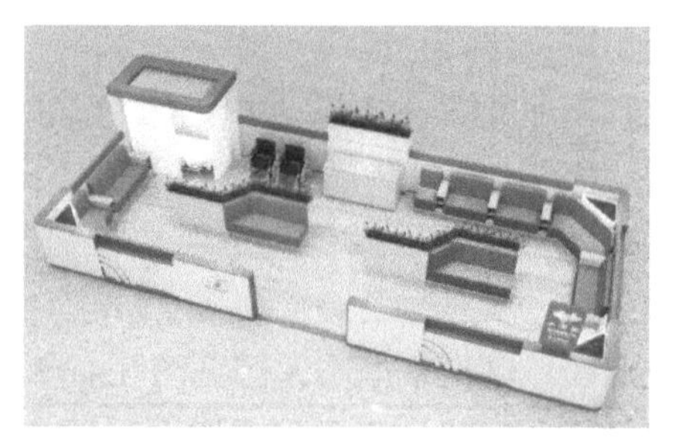

图 3.4-83　优化后效果图

军人候车区优化设计说明：

军人候车区采用半敞开半封闭区域设计，围栏提炼与杭州西站设计理念相符的“云”“水”等元素，呈现效果与整体氛围相协调，重点侧重于空间的使用功能。

4）贵宾厅设计优化

杭州西站贵宾厅位于 14.9m 站台层，分湖杭场（南侧）和杭临绩场（北侧）分别设置（图 3.4-84、图 3.4-85）。

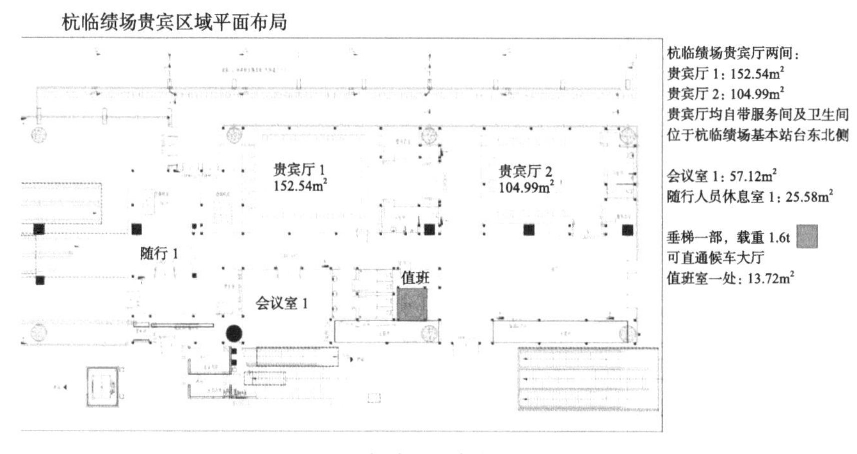

图 3.4-84　杭临绩场贵宾区域平面布局

湖杭场贵宾区域平面布局

湖杭场贵宾厅两间：
贵宾厅 3：83.69m²
贵宾厅 4：63.66m²
贵宾厅均自带服务间及卫生间
位于湖杭场基本站台西南侧

会议室 2：44.13m²
随行人员休息室 2：17.22m²

垂梯一部，载重 1.6t
可直通候车大厅
值班室一处：21.03m²

贵宾厅 4
63.66m²
贵宾厅 3
83.69m²
随行 2
值班
会议室 2

图 3.4-85　湖杭场贵宾区域平面布局

在两场贵宾厅的优化上，走廊的方案与站台的吊顶方格方案类似，与四个不同主题贵宾厅内吊顶的灯膜方案相互串联、协调，形成无主灯设计，显得整个空间层次更高大（图 3.4-86、图 3.4-87）。

图 3.4-86　杭临绩场走廊方案效果图

图 3.4-87　湖杭场走廊方案效果图

贵宾厅室内四个主厅做几稿方案进行比选，采用当地文化特色壁画为主题演化整体装修风格，地面地毯整体装饰，灯具均为精心设计。

江南文化的四大传承：

围绕以杭州为中心的江南文化，四大贵宾厅分别体现民间文化、文人文脉、商业繁荣、世代匠心的传承，其中囊括杭州三大世界文化遗产的相关内容。

5. 样板引导

（1）样板流线及位置

相关图片见图 3.4-88 ~图 3.4-91。

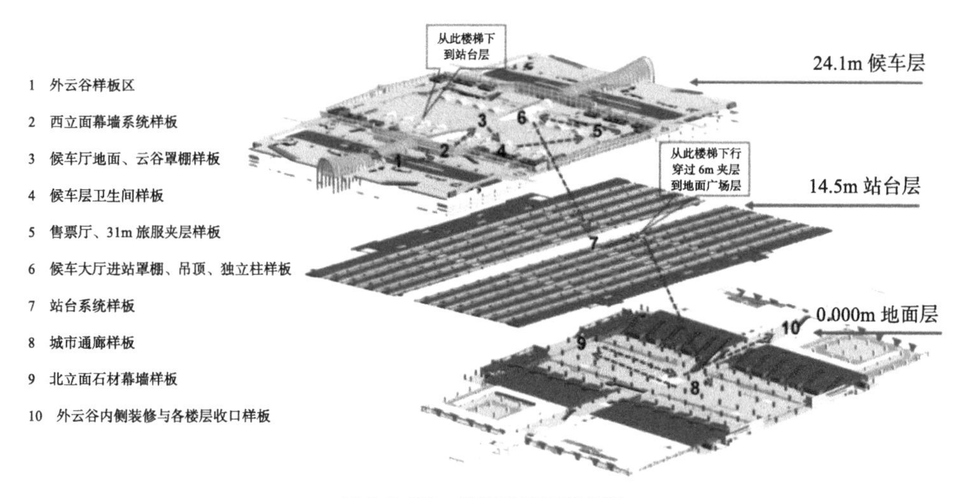

图 3.4-88 样板流线示意总图

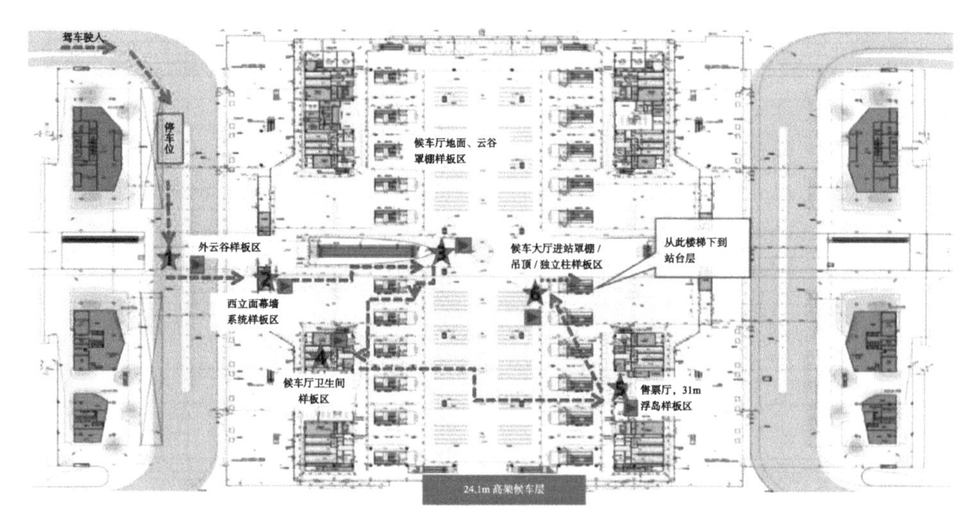

图 3.4-89 候车厅样板流线示意图

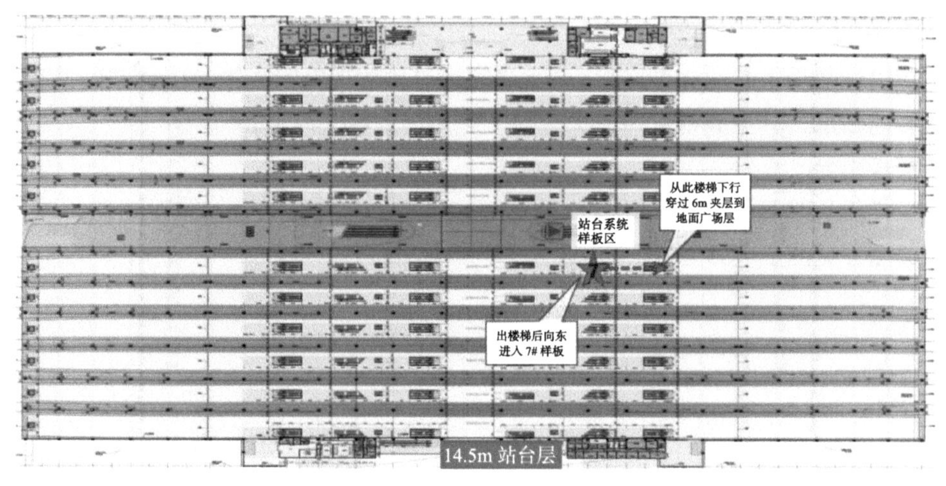

图 3.4-90 站台样板流线示意图

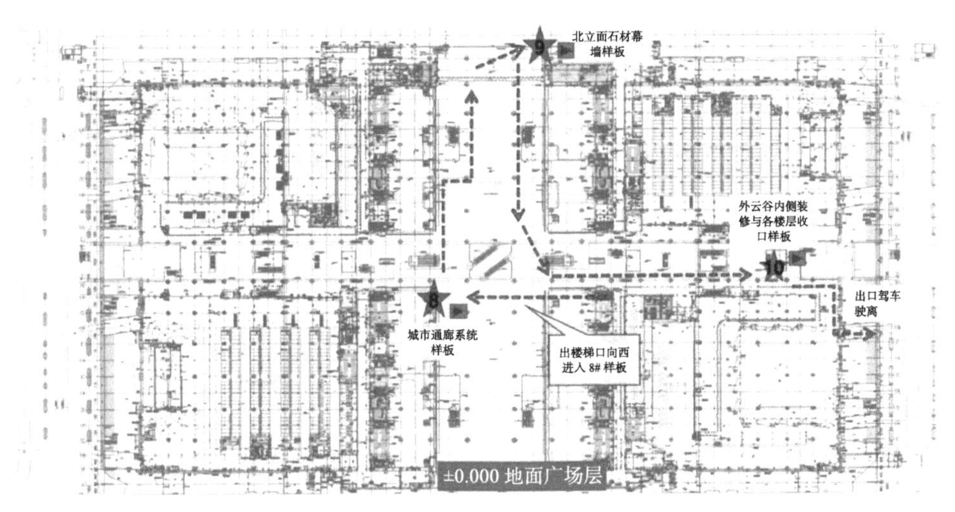

图 3.4-91　城市通廊样板流线示意图

（2）超前策划，样板先行

从土建施工阶段开始进行样板整体策划，经过建设单位、设计单位、施工单位共同研究，幕墙和内装挑选重点、难点，有代表性的关键节点部位共策划了 10 个样板，反复推敲深化节点细节形成问题库，整改方案，对比优化，再实施，逐步完善，最终形成优良成果（图 3.4-92 ~图 3.4-94）。

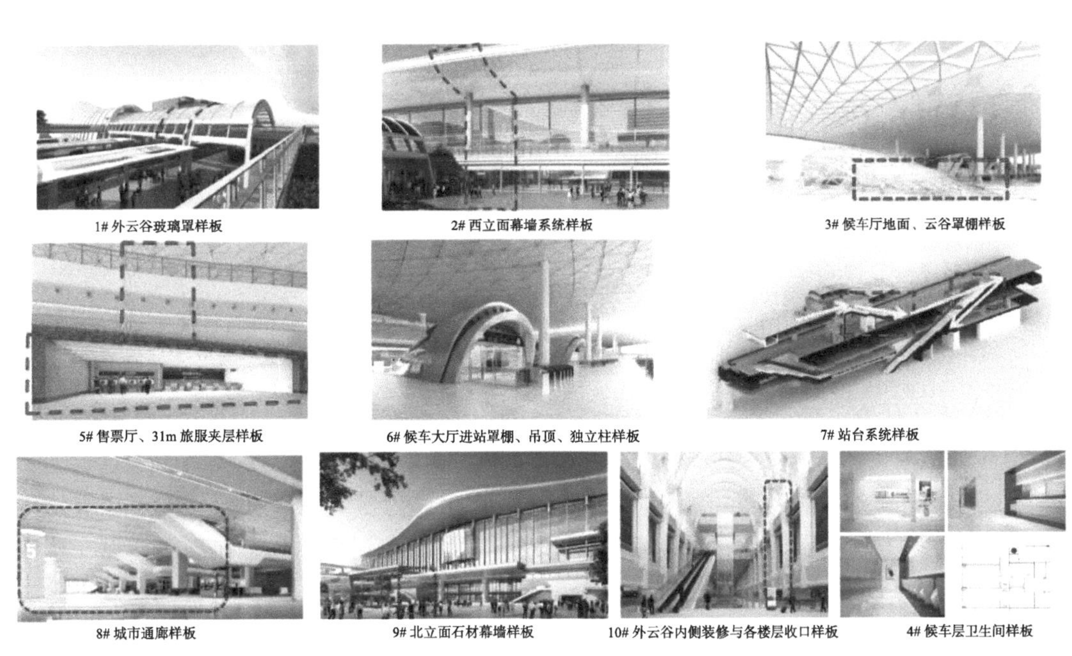

图 3.4-92　第一次样板策划主要内容及位置

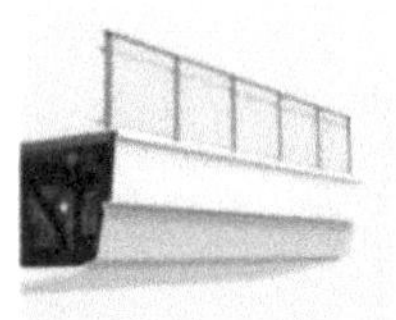

1# 外云谷玻璃罩样板（增加吊桥内部、栏杆栏板）　2# 西立面幕墙系统样板（增加 31m 地面铺装）

2# 西立面幕墙系统样板（增加落客雨棚样板）　2# 西立面幕墙系统样板（增加面积）　4# 候车层卫生间样板（方案优化、增加外部饮水区、GRG 浮岛、栏杆栏板）

图 3.4-93　第二次样板策划主要内容及位置（一）

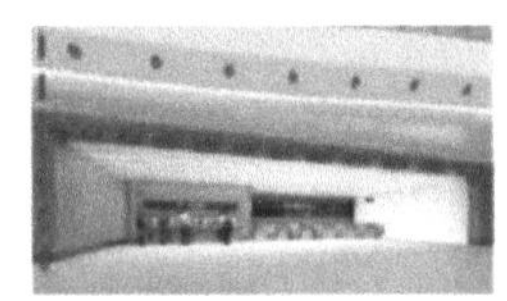

5# 售票厅、31m 旅服夹层样板（增加面积）　6# 候车大厅进站罩棚、吊顶、独立柱样板（新增送风单元、地面铺装）

6# 候车大厅进站罩棚、吊顶、独立柱样板（吊顶重新制作、新增送风单元、地面铺装）

7# 站台系统样板（增加面职、栏杆栏板、与罩棚收口铝板改 GRG）　8# 城市通廊样板（增加设备带裸顶方案、蜂窝铝板颜色比对）　9# 北立面石材幕墙样板（增加石材种类、缝隙处理）

图 3.4-94　第二次样板策划主要内容及位置（二）

（3）工艺研究，提升效果

1）外云谷样板玻璃按照玻璃面积不超过 2.5m^2 设计，首次样板施工时为满足上述要求，使用 80mm × 80mm × 4mm 钢方管表面氟碳喷涂作为横向龙骨进行分格。样板施工完成后经过多方现场实地观看完成效果，组织方案优化研讨会，决定在现场增设一跨区域，新增部分玻璃分格，与原有分格进行效果对比，最终通过方案优化、现场效果比对将玻璃分格扩大一倍（图 3.4-95 ~图 3.4-97）。低跨区域横向龙骨降低高度，通过点支撑对玻璃受力进行加强，使幕墙更加通透。

图 3.4-95　第一次样板与第二次样板对比现场效果

图 3.4-96　第二次样板现场效果

图 3.4-97　最终实现效果

2）西立面幕墙样板（图 3.4-98 ~图 3.4-104）：檐口铝板最大挑出 15.2m，且整体造型为双曲面弧形，铝板宽度为 1.5m 左右，铝板宽度方向之间通过 50mm 凹槽和 150mm 宽缝隙进行立体层次感体现，长度方向为密封缝。铝板板面面积大，强度要求高，且双曲拼接后易在光线下形成“鼓包”效果。经过 3mm 单板、4mm 单板、蜂窝板三种样式的综合对比，在南北挑出弧度较大部位采用了 4mm 单板和蜂窝板，在挑檐弧度较小的东西立面采用 3mm 铝单板，并优化凹槽拼缝做法，取消凹槽内扣条做法，改为铝板折边固定。东西立面大檐口吊顶双曲铝单板主缝 150mm，内嵌 20mm 宽铝型材，次缝 50mm 宽，横向缝密拼。压顶铝板最长 7.5m。檐口整个造型已经足够特别，故柱头及收口尽量简洁收敛。

图 3.4-98　第一次样板 3mm 铝板钉子外露

图 3.4-99　第二次样板 3mm 铝板折边固定

图 3.4-100 第一次样板柱帽做法现场效果

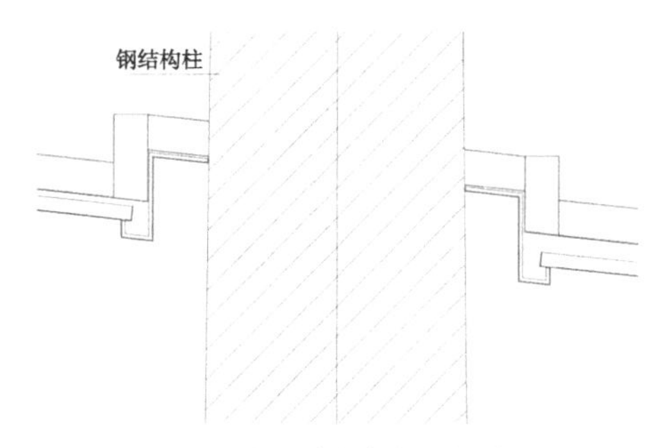

图 3.4-101 第一次样板柱帽做法节点图

图 3.4-102 第二次样板柱帽做法现场效果

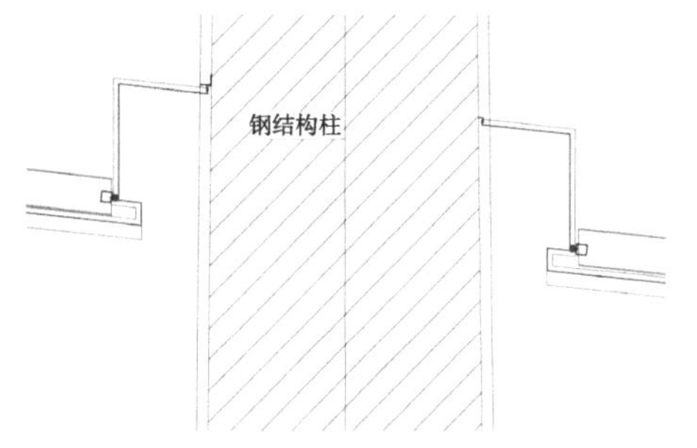

图 3.4-103 第二次样板柱帽做法节点图

图 3.4-104 檐口最终实现效果

3）内云谷罩棚样板（图 3.4-105 ~图 3.4-107）：内云谷原设计为主体钢结构，上面再做幕墙龙骨及玻璃，由于主体钢结构尺寸偏差较大，安装幕墙次龙骨时有部分转接件无法与主体钢结构连接，后经优化，将主体钢结构拱截面重新根据玻璃面找形焊接，取消幕墙龙骨，玻璃直接与主体钢结构固定。

内云谷玻璃按照玻璃面积不超过 2.5m^2 设计，采用双曲中空夹胶超白玻璃，通过副框固定在钢基座上。幕墙基座均对应钢结构主次龙骨，用钢板焊接制成，外形延续钢结构造型。玻璃幕墙减少拱形方向的次龙骨，视觉上将三块玻璃通过一个胶缝连成一个整体（尺寸达到 6m × 1.2m），让整个内云谷的整体幕墙结构体系更加精简、效果更加通透。

内云谷罩棚踢脚线由原来的人造石优化为 GRC 表面加真石漆，使得踢脚线与石材面更加贴合。

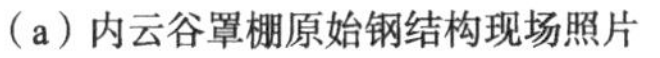

（a）内云谷罩棚原始钢结构现场照片　　（b）云谷罩棚第二次样板重新焊接钢龙骨

图 3.4-105　内云谷罩棚钢结构优化图

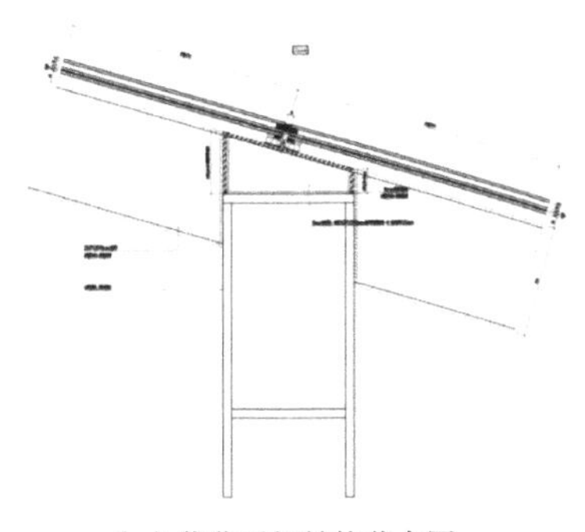

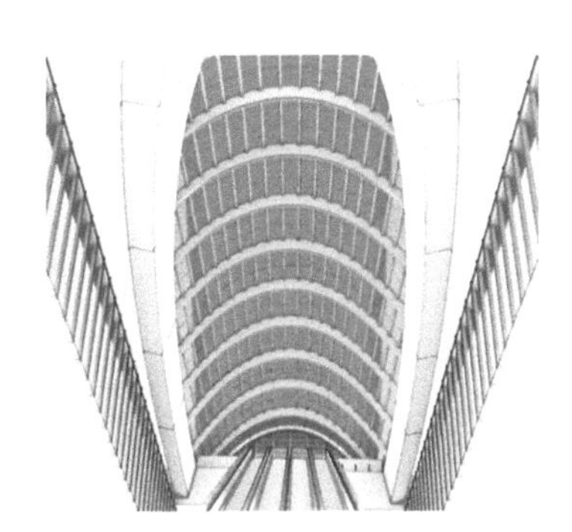

（a）优化后钢结构节点图　　（b）内云谷 Rhino 3D 模型

图 3.4-106　优化过程

图 3.4-107　内云谷最终实现效果

4）进站罩棚内部与站台吊顶的收边优化：

原设计及样板采用的是铝板，由于铝板为双曲，并且拼缝较多，故样板效果不是很理想，后优化为 GRC，三维曲线顺滑，整体效果较好（图 3.4-108、图 3.4-109），在铁路客站工程中也得到了更好的应用。

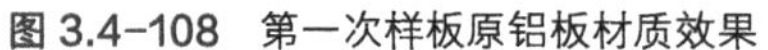
图 3.4-108　第一次样板原铝板材质效果

图 3.4-109　优化后采用 GRC 材质效果

5）外云谷拱样板

外云谷高跨区域通过钢构 V 字撑固定，隐藏横向拉杆式设计，无横向钢龙骨，横向只有主体钢结构的圆管，低跨区域横向龙骨降低高度，通过点支撑对玻璃受力进行加强，使幕墙更加通透（图 3.4-110）。

图 3.4-110　外云谷样板对比

拱形玻璃处在拱顶时，长边无支撑龙骨的情况下玻璃自重的影响特别大，故在顶部玻璃中间位置均增加 50mm 长的铝合金玻璃挠度控制夹具，夹具通过 8mm 不锈钢拉杆连接。

6. 装饰装修施工关键技术

（1）外云谷拱装饰施工技术

外云谷是杭州西站旅客进站主要入口之一，视觉突出感强，是建筑整体表达的重要组成部分，外云谷拱幕墙体系主要由高跨平直段、高跨扩口段二段组成，由于形体复杂，各朝向均有逆光视角，因而对其装饰的工艺要求极高，设计和施工难度显而易见（图 3.4-111）。

外云谷拱主拱结构起于 ±0.000 标高，拱顶完成面最高点 +51.740，平直段拱顶标高 +41m。外装饰内容主要由以下几个部分组成：

高跨主入口上方玻璃幕墙（竖向）及装饰格栅；

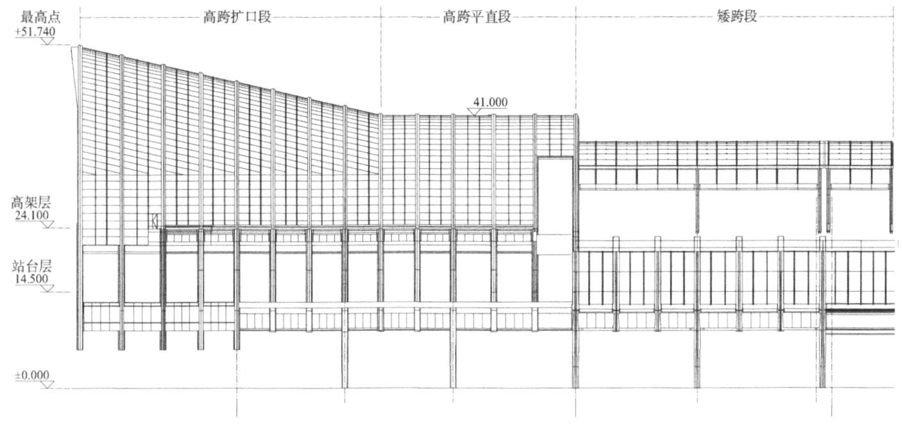

图 3.4-111 外云谷分段实施图

高跨 14 榀主拱包铝板及 13 榀次拱包铝板；

高跨 14 榀主拱之间拱形玻璃幕墙；

矮跨部分 4 榀钢拱包铝板；

矮跨钢拱之间拱顶玻璃结构。

外云谷高跨区共 14 个主拱 13 个次拱，主次拱间隔设置，主拱落地支撑，次拱通过人字叉生根于主拱，次拱拱面低于主拱拱面 500mm，幕墙分布于杭州西站房东侧中轴位置，面积约 27000m^2，玻璃幕墙约 16000m^2，铝板幕墙约 11000m^2，外观造型复杂，为三维渐变扩大拱形结构，每个钢结构拱均由双曲铝板全包围，拱间采用人字形树杈形结构连接，拱间安装曲面玻璃，做出曲面效果，施工难度大，工艺技术要求复杂。

玻璃：采用 10mm+1.9PVB+10mm 钢化夹胶超白玻璃。

铝板：3mm 铝板。

主材：龙骨同玻璃、铝板分格布置，龙骨采用钢方管（分区域设置不同规格）。

（2）外云谷高跨幕墙

主材：高跨位置玻璃钢框架采用装配拼装式施工工艺，主龙骨为 80mm × 80mm × 4mm、120mm × 80mm × 4mm 等拉弯钢方通，横梁采用 $\phi 8$ 的定制拉杆，玻璃采用 10mm+1.9PVB+10mm 钢化夹胶超白玻璃；铝板幕墙采用 50mm × 50mm × 4mm 镀锌拉弯钢方通作为框架，3mm 铝单板。钢材材质为 Q235B；钢材表面处理方式为氟碳喷涂或热镀锌；涂层厚度达到国家标准。

（3）外云谷模型创建与拆分研究

在建模初期，首先要对图纸进行分析，将整个外云谷结构拆分成为若干个局部构件，将每根龙骨、每块铝板、每块玻璃全部拆分出来，然后结合图纸根据具体情况以及各个构件的相关参数，对每一个模块尺寸进行调整与建模，所有板块创建完成之后，再对各个局部的构件进行组合，最后将所有建好的模块结合相应的位置进行组合（图 3.4-112、图 3.4-113）。

图 3.4-112　外云谷拱幕墙 Rhino 模型

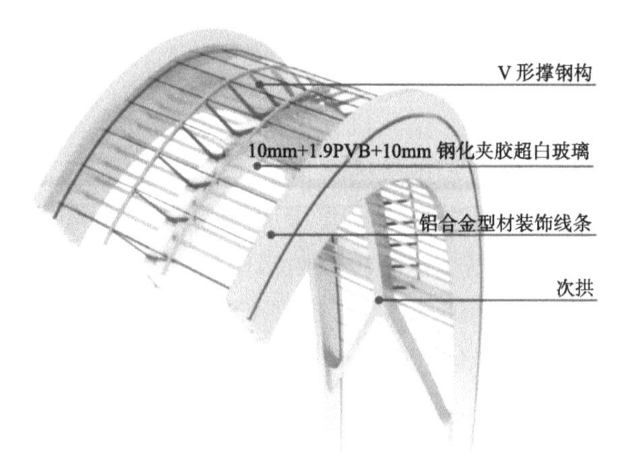

图 3.4-113　外云谷幕墙细部图

1）表皮尺寸关系。装饰拱有 4 个层级关系，由外向内依次是，主拱封盖完成面、主拱装饰完成面、次拱装饰完成面、拱底板完成面（图 3.4-114），确定各层级完成面的尺寸关系是设计建模的重要工作。

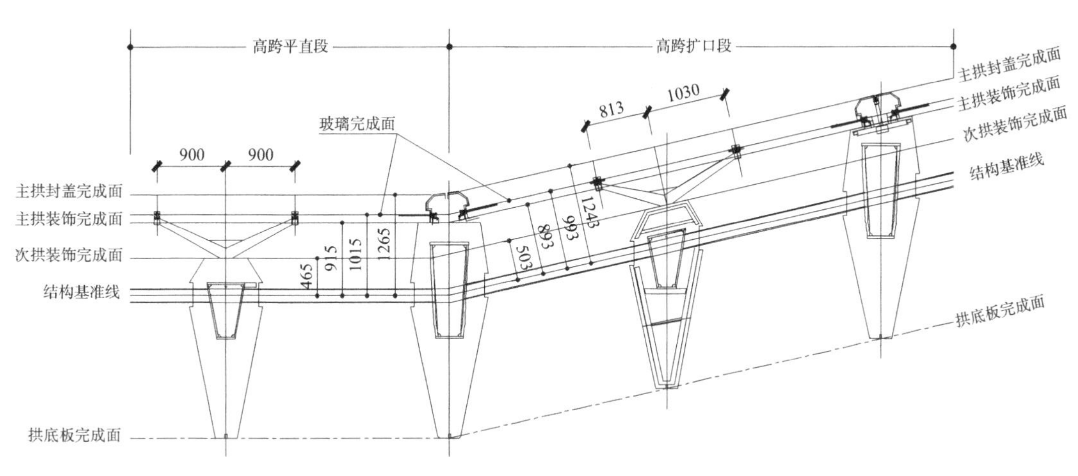

图 3.4-114 表皮尺寸关系示意图

2）铝板分缝逻辑。拱体铝板的分缝（图 3.4-115、图 3.4-116）按照以下步骤和逻辑进行：

①扩口段最低跨拱底板 9 等分；然后将拱体作径向分格；

②扩口段最高跨拱底板 9 等分；然后将拱体作径向分格；

③将最低跨和最高跨的 9 等分线依次连接，建立 8 个空间剖切面；

④模型剖切；

⑤模型剖切后会得到一个任意视角都视觉连续的铝板分缝效果。

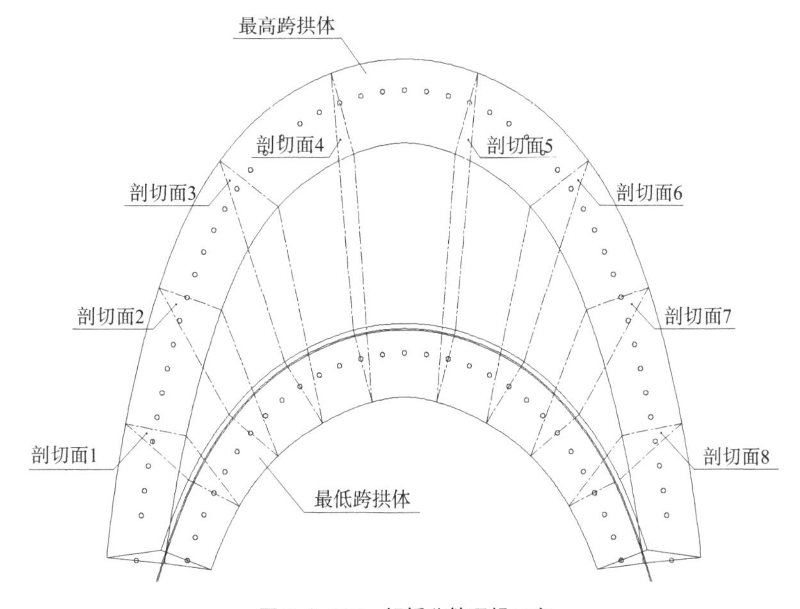

图 3.4-115 铝板分缝逻辑示意

图 3.4-116　铝板分缝模型效果

3）构造组成：

入口立面：入口立面采用了较为典型的半隐框幕墙结构，为了使立面尽可能干净整洁，在幕墙和拱体铝板之间采用了开放式搭接结构，见图 3.4-117。

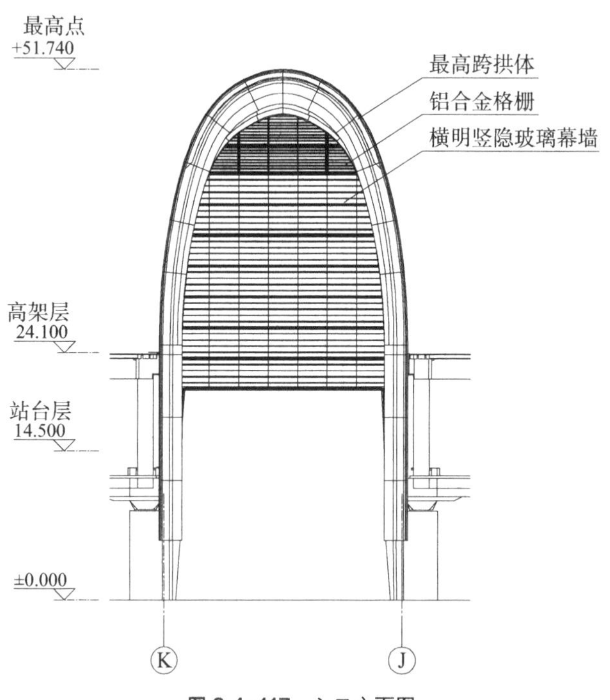

图 3.4-117　入口立面图

铝板包拱：基于对视觉效果、施工周期以及施工措施等方面的综合考虑，铝板的装配结构设计成小单元形式，以方便加工和吊装。

主次拱剖面见图 3.4-118、图 3.4-119。

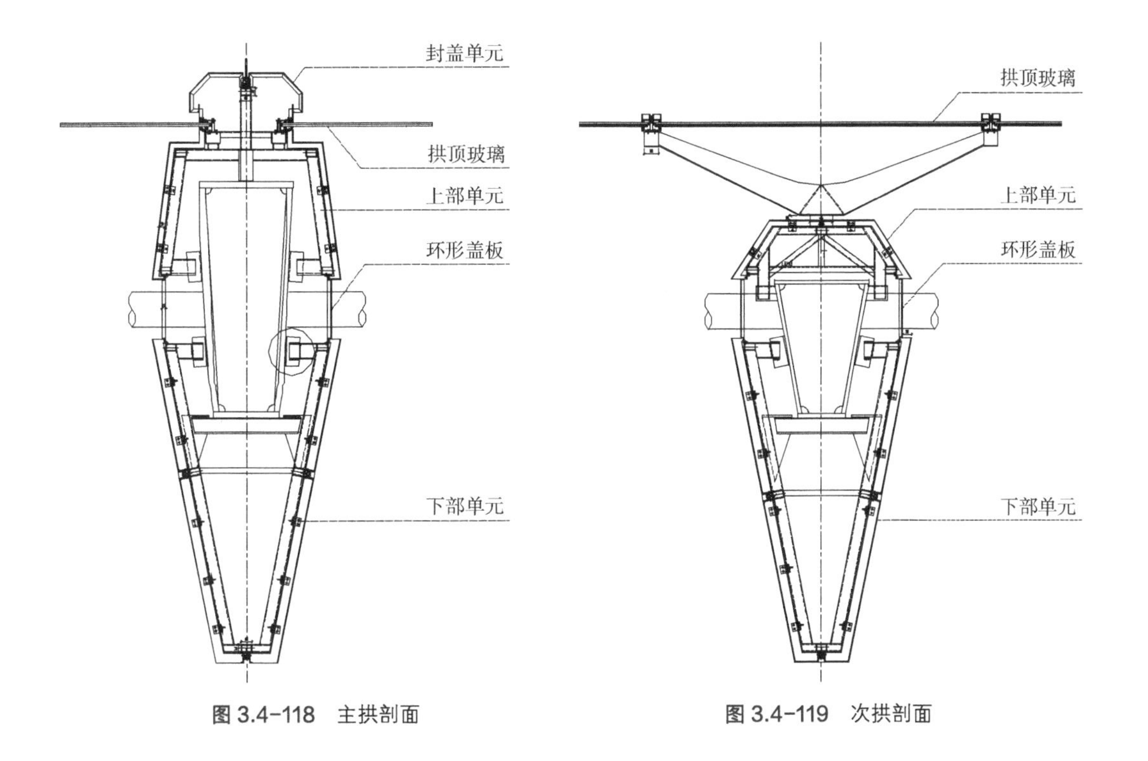

图 3.4-118　主拱剖面

图 3.4-119　次拱剖面

铝板的折边和构造缝：本工程铝板零件多为大尺寸面板，将折边尺寸适度加大会提高铝板的折边刚度，有利于获得更加顺滑的板面效果，本工程的铝板折边根据设计需要控制在 50 ~ 75mm 之间；同时考虑到外观的整洁，在防水胶缝的外部加设了一道三元乙丙胶条（图 3.4-120）。

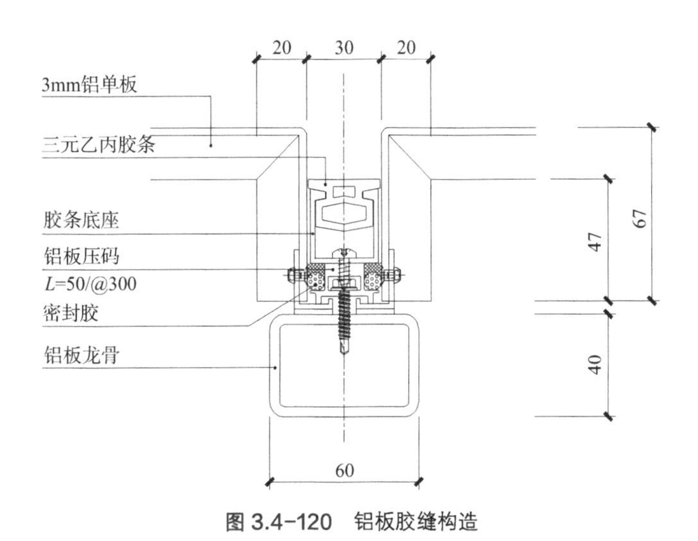

图 3.4-120　铝板胶缝构造

高跨拱顶玻璃：考虑到对边固定的拱顶玻璃的无支承边跨度较大，设计采用了嵌缝式预应力拉杆作为对玻璃刚度的补偿措施；考虑到整个屋顶要具备一定的通风换气功能，在铝板构造缝内设置了一定数量的椭圆状透气孔，透气孔的内侧则加设了一道挡水板，防止雨水溅入内部腔体（图 3.4-121）。

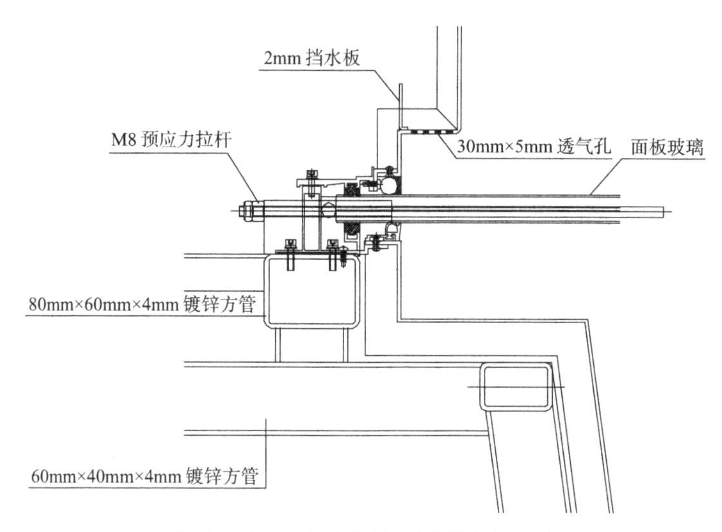

图 3.4-121　高跨拱顶玻璃装配节点详图

V 撑的研究：建筑师在次拱顶部给玻璃设置了一组 V 撑支点，并且希望这个支点要有一定的可观赏性，深化设计时最初的想法是采用铸钢构件，但随着设计的深入，发现这种构件的尺寸是在不断变化的，施工时不可能用少数模具来完成全部的构件加工，所以最终的实施方案采用了焊接件方案：用 5 块 5mm 钢板拼焊出一个完整的 V 撑构件，经过打磨和喷漆工序，安装后构件的效果令人满意（图 3.4-122）。

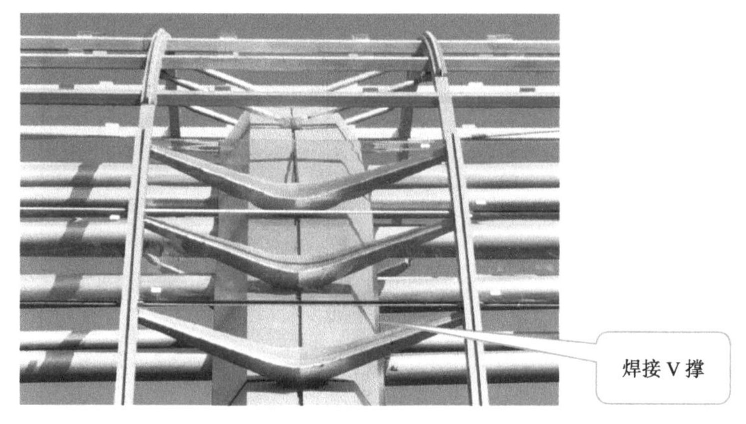

图 3.4-122　V 撑图片

（4）双曲面进站玻璃罩棚装饰施工技术

杭州西站检票罩棚（图 3.4-123），装修面层主要为双曲面玻璃和铝板，主龙骨为梯形截面拱形梁，次龙骨为T形钢板组合件。类似的罩棚装修较为成熟的工艺是玻璃和铝板工厂加工，钢龙骨现场下料切割加工，现场焊接作业。经过研究，运用BIM技术对该罩棚的龙骨结构进行了工业化设计（图3.4-124），将梯形主拱和T形次龙骨在工厂定制加工。该站相同的检票罩棚共计18个，除玻璃和铝板外，对主、次钢龙骨也实现了工业化生产，批量加工。

图3.4-123 检票罩棚实景图

图3.4-124 检票罩棚BIM模型

利用Rhino软件对检票罩棚钢龙骨结构体系建模（图3.4-125），在梯形截面主拱与次龙骨交接处预留T形龙骨安装槽口，同时在梯形拱顶面预留100mm长的焊接操作手孔。梯形截面主拱钢构在工厂加工好后，整根结构运输至现场。T形龙骨按照Rhino软件模型提取的数据下单，分段加工生产。

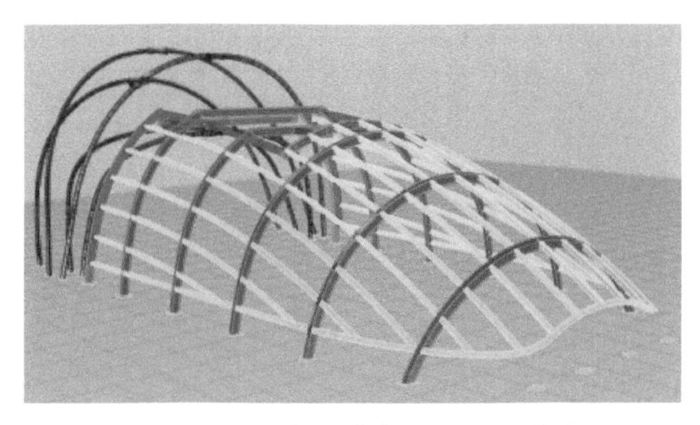

图3.4-125 检票罩棚钢龙骨Rhino模型

现场装配式组拼。对主拱拱脚预埋钢板采用全站仪精确定位，现场焊接。T 形次龙骨无须现场定位，可以直接插入主拱预留槽口，工人操作简单高效、准确无误。通过预留焊接手孔将主次龙骨在孔内焊接，焊缝隐藏在主拱内部，主次龙骨外面交接处阴角无焊缝，外观美观。次龙骨焊接完成后对预留手孔加盖板封闭，盖板焊缝打磨处理。玻璃和铝板的加工参数均提取自 Rhino 软件模型，工厂按曲率等相关参数进行数字化加工。相关图片见图 3.4-126 ~图 3.4-130。

图 3.4-126　主拱预留插接槽和焊接手孔

图 3.4-127　主次龙骨插接焊接

图 3.4-128　预留手孔盖板封闭

图 3.4-129　阴角直拼无余高问题

图 3.4-130　焊接手孔盖板封闭喷漆

（5）多维渐变曲面屋面大挑檐施工技术

1）屋面大挑檐装饰概况

本工程屋面檐口采用渐变双曲面造型铝单板吊顶，美观简约（图 3.4-131、图 3.4-132）。檐口铝板最大挑出 15.2m，且整体造型为双曲面弧形，铝板宽度为 1.5m 左右，挑檐长度方向大单元板块间设 150mm 宽主缝，内嵌 20mm 宽 T 形垂片，小单元板块之间设置 50mm 宽凹槽，可体现立体层次感，铝板挑出方向采用密缝拼接。

图 3.4-131 北檐口效果图

图 3.4-132 东西檐口效果图

2）屋面大挑檐重点难点分析

本工程挑檐悬挑跨度大、单双曲面渐变、高差大、作业面距地高度大（图 3.4-133），外檐口采用流线造型，铝板采用密拼安装，观感精度要求高、施工难度大，安全影响因素多。

图 3.4-133 东挑檐转角渐变双曲面

3）屋面大挑檐模型创建与研究

采用 Rhino 软件对檐口进行参数化建模（图 3.4-134），北檐口共 564 块板，划分为 48 个单元板块，其中最大单元为 11.6m × 6.3m。

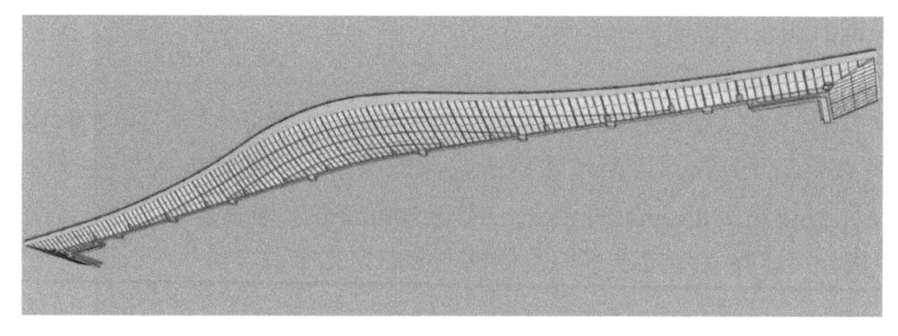

图 3.4-134　北挑檐双曲铝板 Rhino 模型

挑檐长度方向单元板块间所设的 150mm 宽一级主缝，见图 3.4-135。

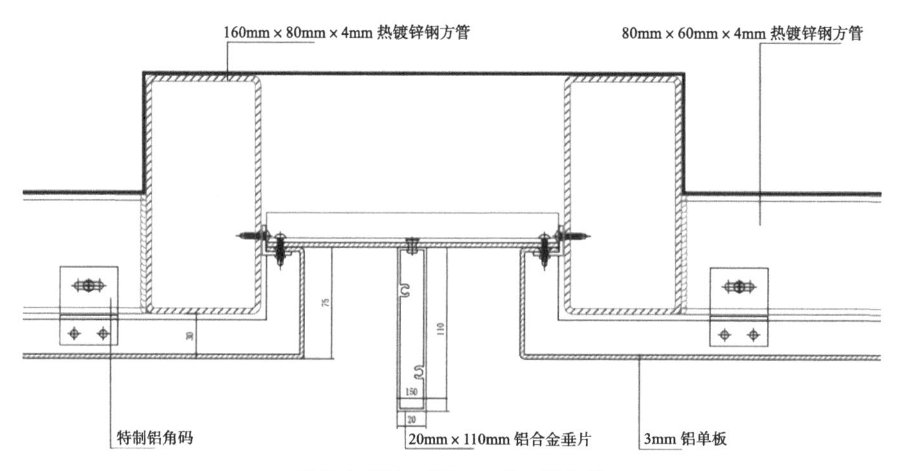

图 3.4-135　150mm 宽一级主缝

单元板块内的二级缝为 50mm 宽凹槽构造，见图 3.4-136。

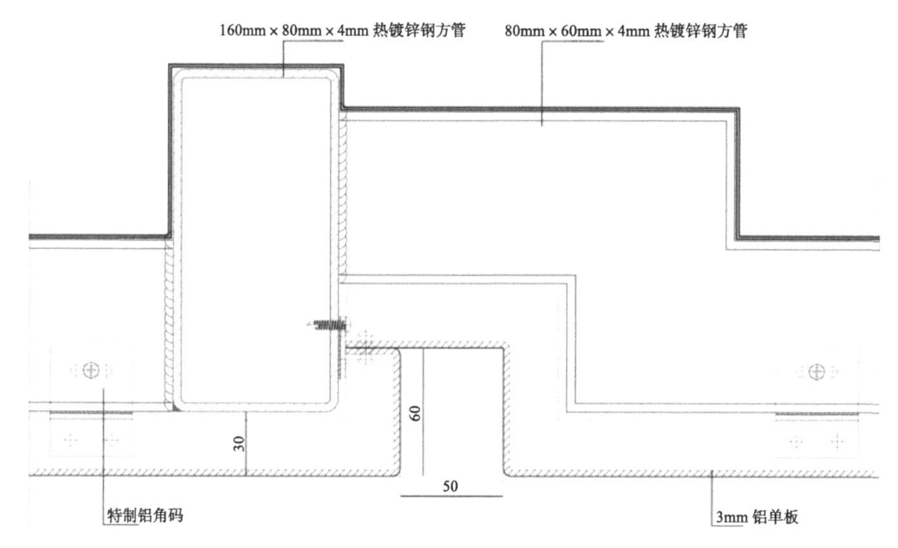

图 3.4-136　50mm 宽二级缝

北挑檐出挑长度 6 ~ 15.2m，根据出挑长度划分为 1 ~ 2 个单元板块，中间 42m 区域由于出挑长度过大，划分前、后为 2 个单元板块，其他区域采用单一单元板块，最大单元板块尺寸为 11.6m × 6.3m（图 3.4-137）。

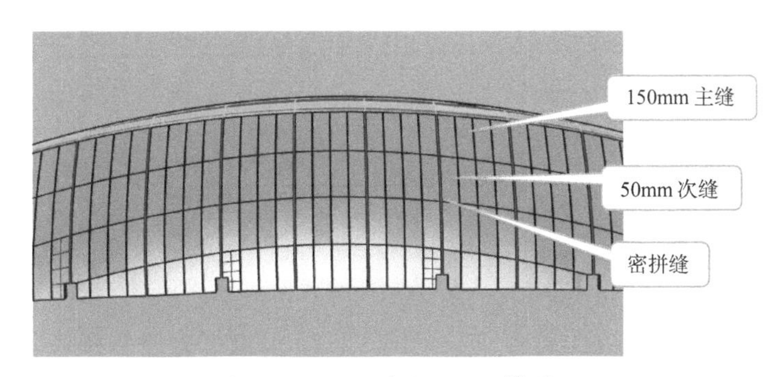

图 3.4-137　犀牛（Rhino）模型图

4）屋面东西面大挑檐铝板安装技术

首先在地面放线焊接檐口龙骨拼装的胎架（图 3.4-138），可使用捯链对檐口弧度进行调整。

图 3.4-138　龙骨单元地面焊接

檐口龙骨在地面拼装完成后进行防腐处理，经检查合格后起吊、堆码备用。对拼装成型的每榀钢管桁架的几何尺寸进行检验，合格后才能吊装。

檐口龙骨钢骨架拼装、验收完成后运至对应位置预备吊装，吊装采用 1 台 25t 吊车与 2 台 32m 曲臂车。首先用曲臂车将 6 个捯链固定在焊接球下方，用吊车将檐口龙骨起吊至距安装高度 1m 处用捯链与檐口龙骨连接固定，然后利用曲臂车操作捯链将檐口龙骨提升至安装位置，在精确测量位置、标高、相对距离等参数无误后进行焊接固定。

本工程檐口铝板在南北方向采用勾搭连接，相邻的铝板要依次进行安装，因此在加工时给铝板进行单独编号，铝板按照图纸安装顺序进行安装。相邻两榀檐口铝板之间设置一个伸缩缝，此伸缩缝也作为装饰线条。

铝板安装：将卷扬机固定在网架的球节点上，用小车将铝板运至安装位置，将自制龙骨固定到铝板的加强筋上作为吊点，利用卷扬机进行吊装，操作两台曲臂车对铝板进行微调，将铝板角码固定在檐口龙骨上（图 3.4-139）。

图 3.4-139　檐口铝板安装

5）屋面北挑檐“龙骨 + 面板一体拼装”装配式反吊安装技术

在总结了东挑檐“龙骨单元装配式安装 + 面板反吊安装”的经验基础上，于北挑檐铝板施工中积极开展“龙骨 + 面板一体拼装”装配式反吊安装技术研究，该技术在平板或单曲面挑檐铝板施工中尚有难度，在三维渐变双曲面挑檐铝板中难度系数更大。

北挑檐出挑长度为 6 ~ 15.2m，根据出挑长度研究单元板块划分，综合考虑单元板块总质量、安装高度、拟用吊车最大起重量等因素。研究后确定中间 42m 区域划分前、后为 2 个单元板块，其他区域采用单一单元板块，最大单元板块尺寸为 11.6m × 6.3m。

根据安装单元划分在 Rhino 模型重新设计龙骨组拼单元，并提取相关技术参数提交工厂加工，铝板参数同步提取交铝板厂生产。

根据模型数据在现场制作单元体拼装胎架。

提取单元拼装坐标数据，把加工完成的铝板运往现场与龙骨进行单元拼装（图 3.4-140）。

图 3.4-140　龙骨 + 铝板一体拼装

板块提升及安装步骤：

布置吊点→ 板块试吊 → 整体提升 → 微调定位 → 安装 → 单元板块调整→单元铝板固定→焊接→铝单板披水板

布置吊点：

板块尺寸约为 1.5m × 4.35m，沿短边方向共5根主龙骨，沿长边方向是次龙骨。沿长边方向分别在两侧布置4个吊点（图3.4-141）。

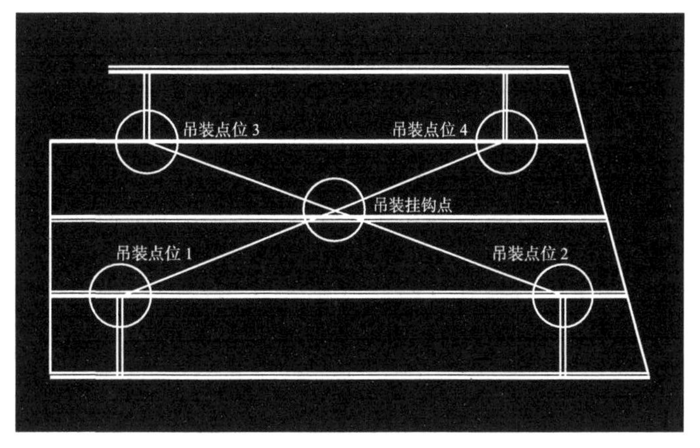

图3.4-141 檐口单元体吊装定位图

试吊及提升：

吊顶铝板安装完成后，对每个吊点逐个检查是否牢固，先试着起吊，观察试吊过程中钢丝绳拉紧情况、板块变形情况、汽车起重机卷扬机工作情况；确保板块试吊过程中平衡稳定，避免出现晃动碰撞现象，确保无异常后，再由指定人员发出起吊指令。

微调就位和安装：

将板块提升到网架结构下方约500mm处，在每个转接件附近的主龙骨上挂起捯链进行板块的微调。微调时，钢丝绳处于不完全受力状态，板块需要设置二次保护，在每个吊点使用钢丝绳悬挂在网架结构上。

每个捯链微调时，时刻观察捯链的受力状态，出现异常后及时调整，避免板块有大的变形。在固定之前，确保板块上下左右位置准确，在微调完成后，安装人员利用高空车作业平台将模块上的转接件和后补埋件焊接，焊接高度达到设计要求，焊缝密实并做防锈处理（图3.4-142）。

（a）单元板块吊装

（b）单元板块就位

图3.4-142 单元板块吊装及就位

（6）双层膜采光天窗吊顶系统装配化施工技术

1）采光天窗吊顶系统概况

十字天窗区域吊顶通过钢桁架弦杆下部外包铝单板，中间布置透光张拉膜形成不同大小的三角板块，各个板块组合形成十字造型的采光区域。

吊顶为单个三角单元板块拼接组成，单元板块下部用铝板封底，板块之间相对独立，因此对每个单元板块加工要求较高。中间区域天窗侧面包梁铝板长度较长，需在中间进行拼缝；钢梁底部封边铝板在十字对接区域对拼方式也是一项研究重点。天窗张拉膜的选材和应用，涉及整个大厅的观感效果，是实现设计效果的成败之举。

2）采光天窗吊顶模型构建与拆解

十字天窗区域吊顶采用 Rhino 软件建模，分为包梁铝板和张拉膜两部分。包梁铝板由三角单元体组成，每个三角单元体分为侧板和底板，包梁铝板和封底铝板在交点位置采取尖角拼接方式。

3）采光天窗吊顶典型断面与安装节点

节点详图见图 3.4-143。

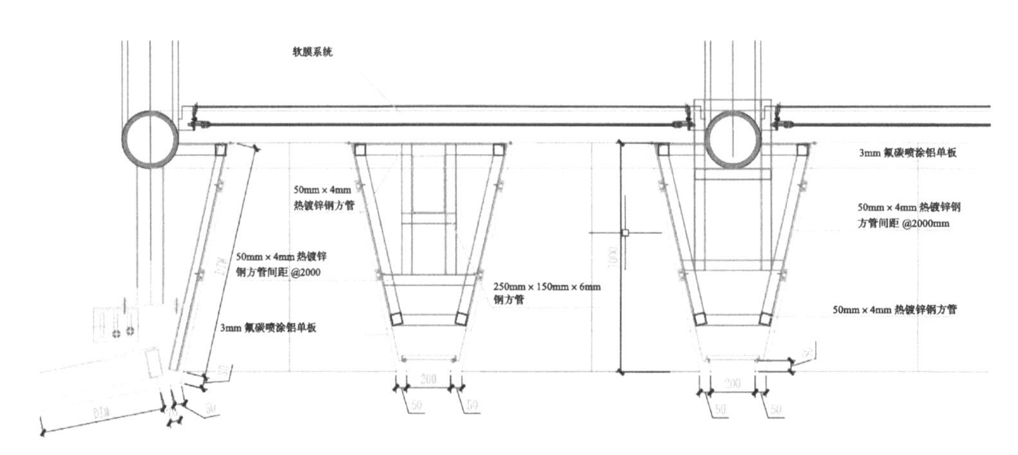

图 3.4-143　采光天窗吊顶典型断面与安装节点图

4）采光天窗铝板安装施工技术

包梁铝板单元拼装：从 Rhino 模型中提取包梁铝板技术参数，提交铝板厂进行加工，铝板在现场地面胎架组合拼装成三角单元体，通过起重机吊装，配合高空作业车进行反吊安装（图 3.4-144）。

（a）地面三角单元组拼

（b）单元体反吊安装就位

图 3.4-144　单元体组装及就位

5）采光天窗双层膜施工技术

吊顶采光张拉膜长期运营过程中，会出现飞虫、灰尘、结露等问题，影响膜的外观效果。本工程吊顶采取上下双层膜方式，上下两层膜间距 80mm，形成封闭腔体。上层膜为 PVC 张拉膜，透光率可达 91.28%，有效解决了透光、防虫、防尘、防水问题。采光天窗双层膜施工剖面图见图 3.4-145。

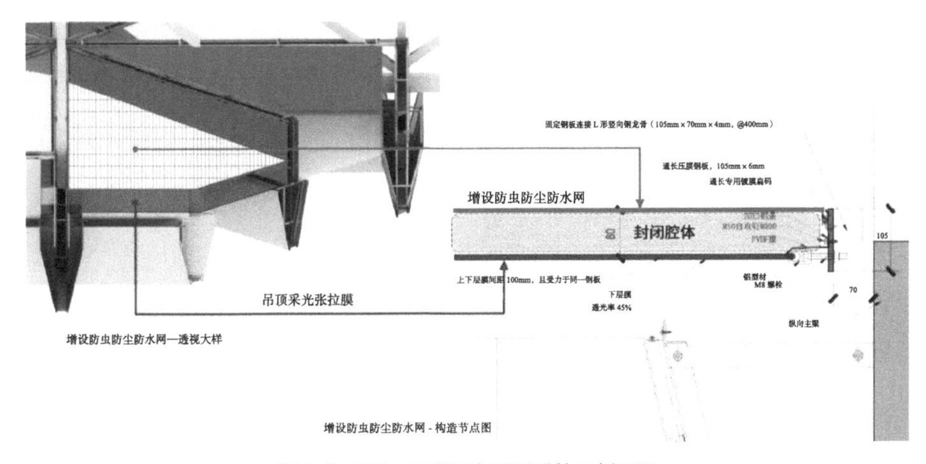

图 3.4-145　采光天窗双层膜施工剖面图

张拉膜材质选择及拼缝研究：经过 2 次张拉膜现场样板对比，下层膜选定了厚度 0.22mm 漫透射硅涂层玻璃纤维编织膜，搭接宽度仅 10mm（普通膜搭接宽度 30 ~ 50mm），透光率为 45%，更加自然舒适。

膜材最大幅宽为 2.6m，最大板块宽度 6m，需充分考虑拼缝布局，以解决观感问题。拼缝设计自中心向四周放射，既有规律又可实现美感（图 3.4-146）。

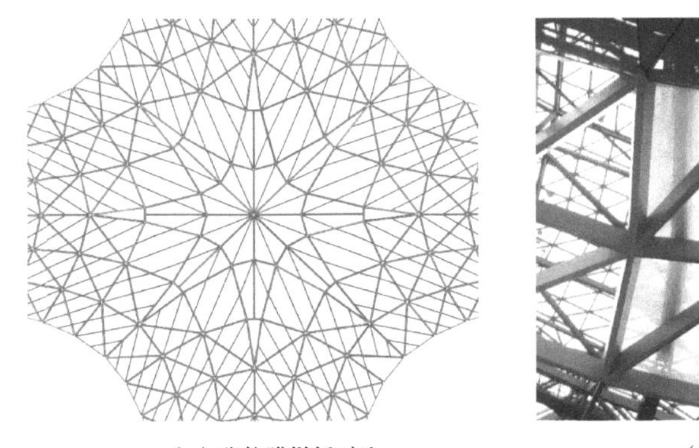

（a）张拉膜样板对比

（b）张拉膜拼缝设计

图 3.4-146　十字天窗张拉膜样板对比及拼缝设计

6）采光天窗细部处理技术

包梁铝板底部封板拼缝一般有十字对接和尖角对接两种方式。为了对单元板块精确定位，本工程采用尖角拼接，尖角拼缝缝隙紧密，整体感更强（图 3.4-147）。

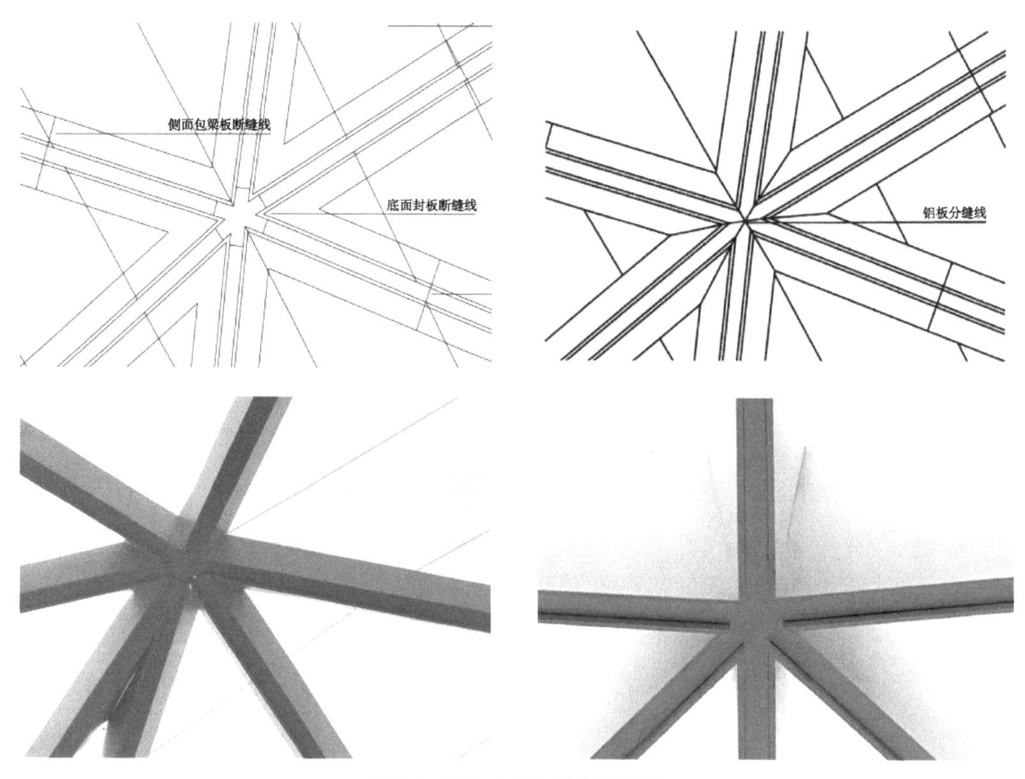

图 3.4-147　采光天窗细部处理

为保证装饰效果整体性，在包梁侧板板块长度大于 6m 区域采用种植折边密拼对接缝技术，面层铝单板直接对拼，缝隙可控制在 0.1mm 以下，减小了密拼缝隙，基本达到了无缝的效果（图 3.4-148）。

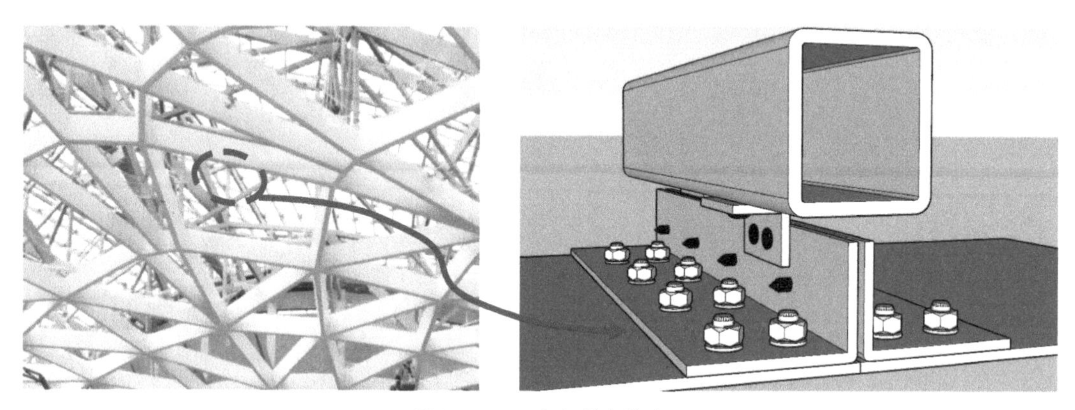

图 3.4-148　细部节点构造

（7）双曲面穿孔铝板吊顶装配式安装施工技术

杭州西站候车大厅吊顶面积约 5.8 万 m^2，吊顶分为十字天窗与四个象限两大区域（图 3.4-149），设计理念为四朵白云飘浮于天空。十字天窗区域的“天空”采用钢构下包铝板 + 透光张拉膜的形式，四个象限区域采用双曲面雕花穿孔铝板组成四朵“白云”。

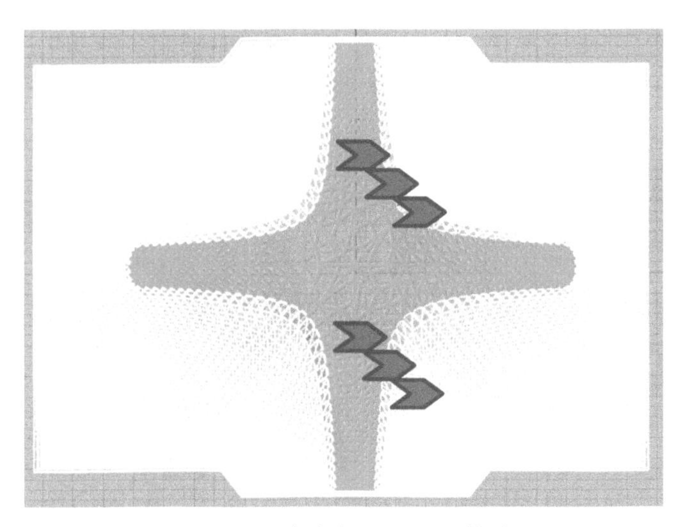

图 3.4-149 候车大厅吊顶 BIM 模型图

“云朵”雕花穿孔铝板以三角形单元板块为基本单元，单元板块之间设置 70mm 凹槽缝隙拟合形成双曲面造型。三角形单元板块内采用长条形平面板块密拼拼接。存在的问题是钢结构网架为四边形单元，吊顶受力点为四个网架球节点。为了使安装单元与钢结构网架平面布置相匹配，将两个三角形单元板块合并为一个四边形单元板块，形成基本装配单元板块进行装配化加工（图 3.4-150）。同时，四边形安装单元板块中的两个三角形基本单元板块必须按照 Rhino 模型的拟合角度组拼。

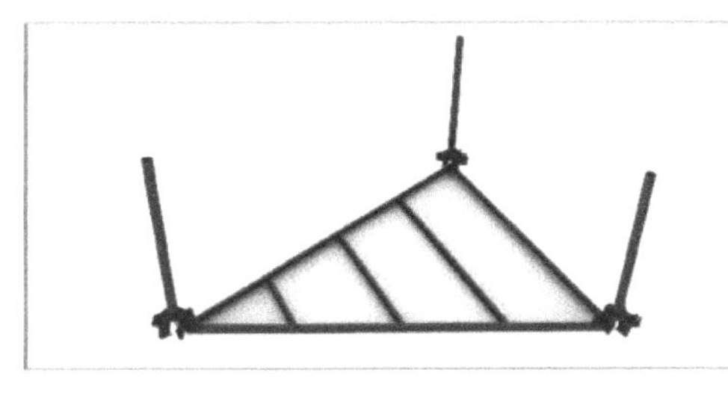

（a）原三角形单元体

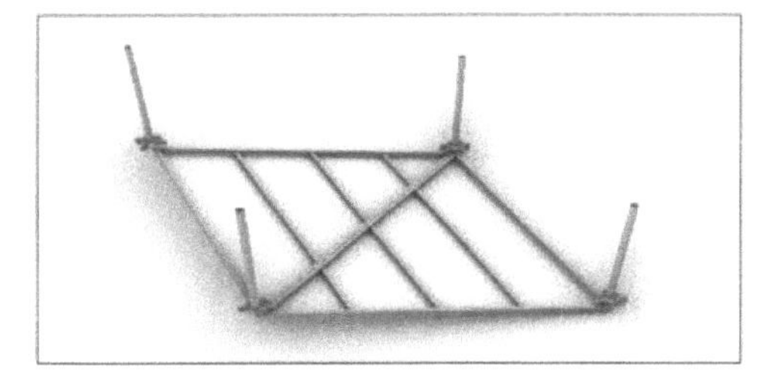

（b）四边形单元体

图 3.4-150 将雕花穿孔铝板内三角形单元体优化为四边形单元体

为了获得钢结构网架球节点的精准空间定位，对已施工完成的钢结构进行三维扫描建模，获得实际的基础模型数据。以钢结构模型为基础，采用 Rhino 软件对雕花穿孔铝板进行施工建模。

通过调整单元板块之间 70mm 凹槽缝隙，单元板块的平板拼接可达到整体双曲造型的效果。为实现单元装配板块空间定位精准可控，在单元板块龙骨与屋面钢网架之间设置特制的可调整转接件，实现单元板块的微调节。通过 Rhino 软件对大吊顶进行建模，利用软件模型的数据出具下料单，工厂按照下料单进行加工。

杭州西站双曲雕花穿孔铝板采用单元板块装配式组拼反吊的方式（图 3.4-151、图 3.4-152），利用定位胎架地面精准拼装，在吊装就位后通过特制转接件控制连接点的空间微调节，实现了工业化加工、装配化作业，极大地提高了劳动生产率，吊顶构件整体安全稳固，造型优美。

图 3.4-151　四边形单元板块吊装

图 3.4-152　穿孔铝板吊顶反吊安装

（8）异形曲面 GRG 系统施工技术

1）GRG 概况

杭州西站在 31m 层旅服夹层，24m 层候车厅售票厅、送风单元、进站罩棚，0m 层售票厅等区域运用了 15mmGRG 材料，其中 31m 层旅服夹层 GRG 拦河装饰板双曲造型，24m 层售票厅 GRG 顶棚、墙面装饰板单曲造型，24m 层送风岛 GRG 顶盖异形多曲造型，24m 层进站罩棚 GRG 拦河异形渐变造型，24m 层内云谷异形渐变造型，12m 轨道侧幕墙 GRG 拦河单曲造型，0m 层售票厅 GRG 顶棚、墙面装饰板单曲造型。

GRG 为单双曲造型，曲线流畅，因此对现场放线及材料加工的精准度要求极高，这样才能保证现场施工完成后完美显现设计效果。

2）GRG 构建与解析

① 31m 层旅服夹层 GRG 拦河装饰板

该造型为双曲造型，跨度接近 120m，平面轮廓为弧形曲线，剖面为带圆角的轮廓线，球形风口采用圆角收口，整体形成圆润流畅的双曲面造型（图 3.4-153、图 3.4-154）。

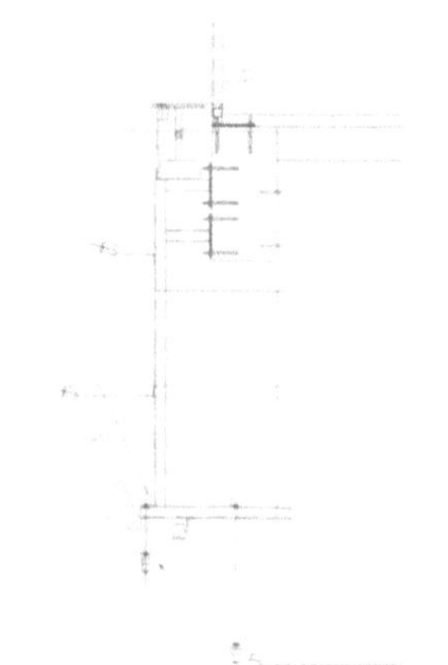

图 3.4-153　31m 层旅服夹层 GRG 拦河装饰板剖面图

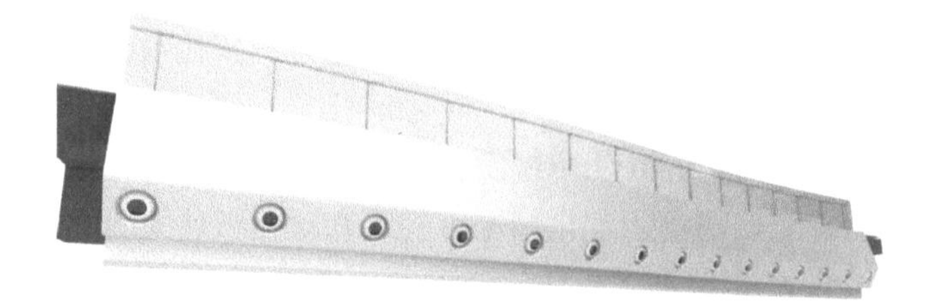

图 3.4-154　31m 层旅服夹层 GRG 拦河装饰板立面模型图

板块拆分：根据球喷与玻璃栏板的分布，将 GRG 分割为宽度 700 ~ 900mm 范围内各种宽度尺寸的板块；确保球喷与百叶洞口及玻璃栏板立柱对应一致（图 3.4-155）。

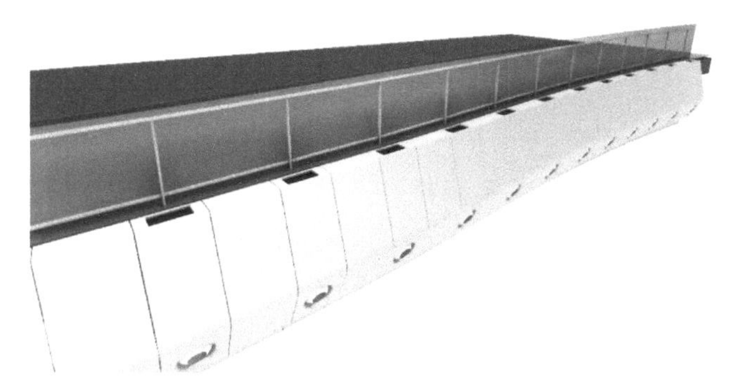

图 3.4-155 31m 层旅服夹层 GRG 拦河装饰板分格图

② 24m 层售票厅 GRG 顶棚、墙面装饰板

该区域 GRG 为单曲与双曲造型，立面轮廓为直线 + 弧形曲线，剖面为弧形的轮廓线，形成圆润流畅的单曲与双曲面造型（图 3.4-156）。

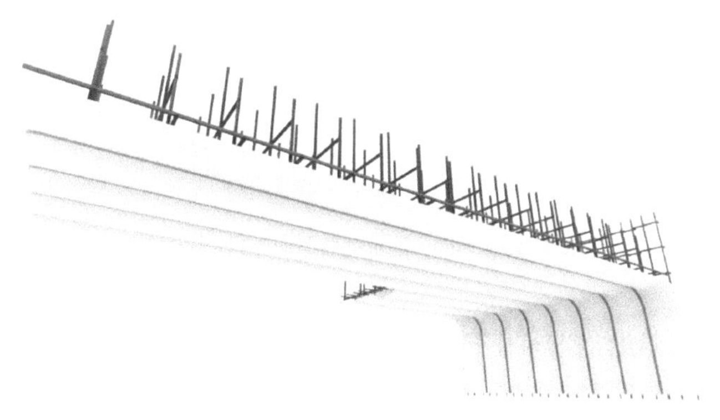

图 3.4-156 24m 层售票厅 GRG 顶棚、墙面装饰板模型图

板块拆分：宽度按照弧形横截面，长度在 2 ~ 2.4m 范围内分割（图 3.4-157）。

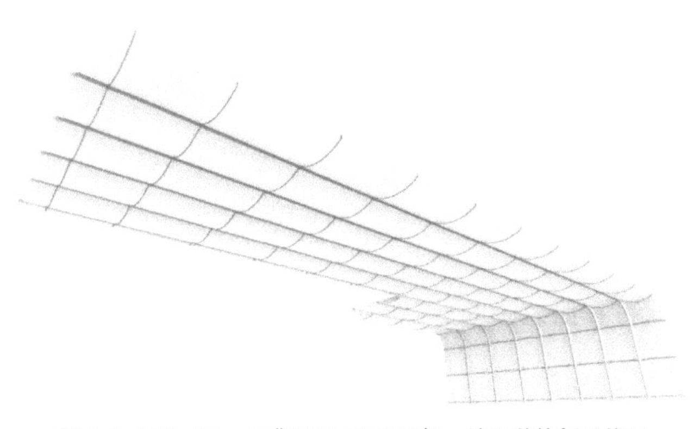

图 3.4-157 24m 层售票厅 GRG 顶棚、墙面装饰板分格图

③ 24m 层进站罩棚 GRG 拦河

该区域 GRG 为异形渐变造型，平面轮廓为直线 + 弧形曲线，剖面为变截面的轮廓线，形成由平直变化到扭曲的渐变造型（图 3.4-158）。

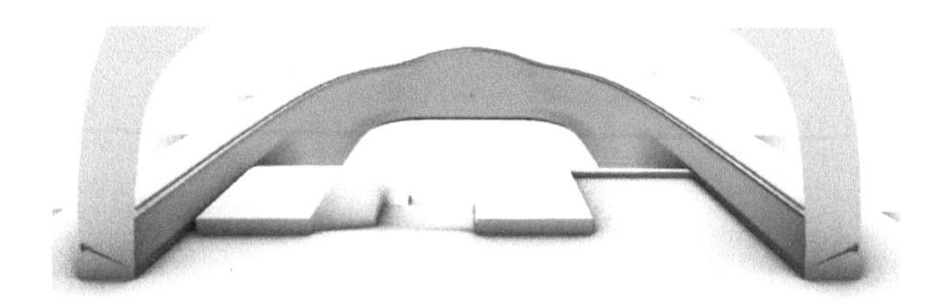

图 3.4-158　24m 层进站罩棚 GRG 拦河模型图

板块拆分：分块尺寸按照约 800mm 宽 ×2300mm 高分割（图 3.4-159）。

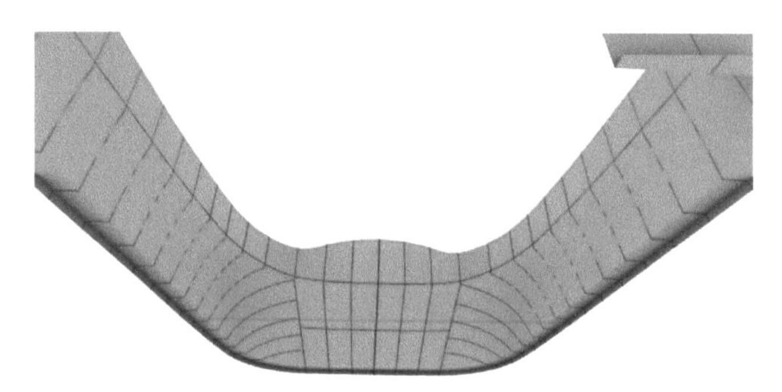

图 3.4-159　24m 层进站罩棚 GRG 拦河分格图

④ 24m 层内云谷 GRG 拦河

该区域 GRG 为异形渐变造型，平面轮廓为弧形曲线，剖面为变截面的轮廓线，形成扭曲的渐变造型（图 3.4-160）。

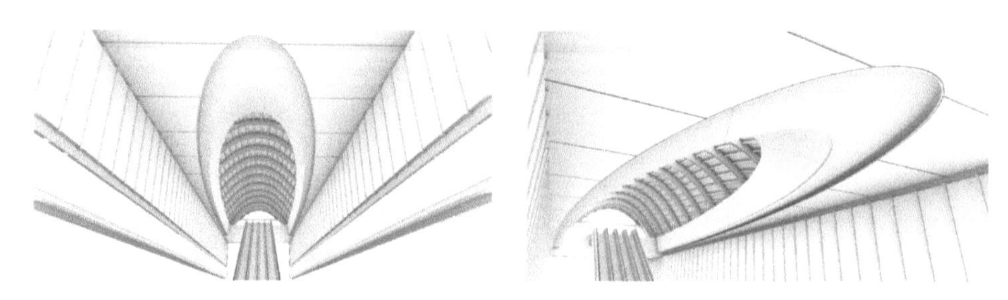

图 3.4-160　24m 层内云谷 GRG 拦河模型图

板块拆分：分块尺寸按照约 800mm 宽 ×2300mm 高分割（图 3.4-161）。

⑤造型保证措施

a. 深化设计优化：面的质量在于线，线的质量在于点；在深化设计阶段，合理地调整曲线的控制点，减少不必要的多余点，保证相切部位控制点的连贯性，就可以得到高质

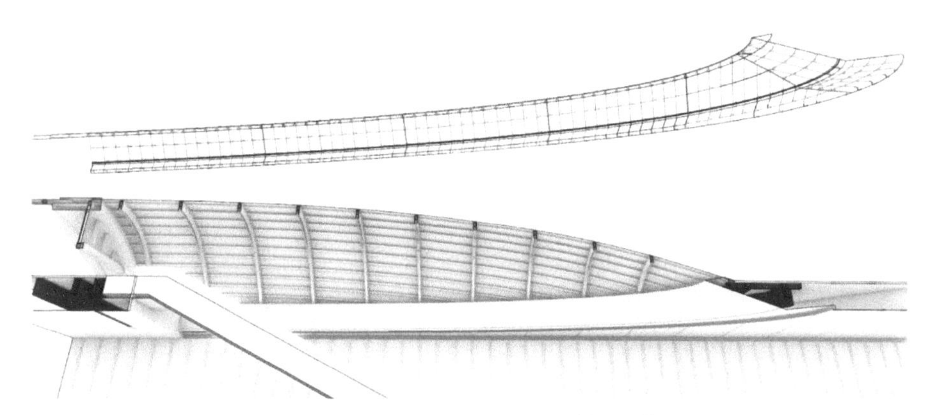

图 3.4-161 24m 层内云谷 GRG 拦河分格图

量的曲线；得到优质曲线后，可用于建立曲面，曲面建模过程中，确保平面线与剖面线的空间位置关系完全对应，使用双规扫掠命令建立曲面，创建构造线较少的高质量曲面；考虑整体造型的超长跨距以及板材的收缩问题，每隔 13m 设置一条伸缩缝，极大程度地减少了整体造型开裂的风险。

b. 现场测绘：由于造型为异形造型，现场又是超高空间，针对这种情况，采用了三维扫描技术，对现场主体结构进行扫描，得到现场实际三维模型，再将 GRG 表皮模型套入进行三维深化，确保了三维模型与现场实际情况的高度匹配，排除构件碰撞、施工空间过小等问题。

c. 模具制作：使用高精度（≤ 0.1mm）的 CNC 雕刻机，直接对造型的三维模型进行雕刻制作，使用细腻的石膏作为模具毛坯，造型毛坯雕刻好以后，由工艺师手工对其表面进行研磨光顺处理；模具毛坯制作完成后，使用三维扫描仪对其进行扫描检测，得到表面点云数据，与原模型进行比对得到偏差分布报告，辅助工艺师对其进行质量判断，从而进行相应的修整，最终得到高质量表面的模具毛坯；模具毛坯完成后，对其进行翻模，使用玻璃钢材质作为翻模材料（玻璃钢强度高，寿命长，表面平整光顺），玻璃钢模具翻出后，对其表面进行由粗到细 3 遍水磨处理（180 目、360 目、800 目），最终得到表面平整光滑、高精度的玻璃钢模具，可以用于 GRG 产品的加工制作。

d.GRG 制作：采用优质的高强度 α 石膏粉与耐碱玻纤；严格按照配合比将原材料与添加剂充分预混与搅拌；模具表面均匀涂抹隔离剂并使用抛光巾反复擦拭均匀；严格按照 GRG 铺网抹浆积层工艺，层层制作；积层完成后，严格遵照脱模时间，等石膏充分结晶与挥发热量后再脱模。

e.GRG 产品的养护：产品垂直放置在专用托盘上，置于干燥通风区域，对其自然养护；养护期间使用各种护具对产品稳固防护，不得挪动产品，并每天检测变形情况与湿度，等养护期过后，再进行归纳、包装。

f. 现场施工：施工现场应挑选空旷通风干燥平整的区域进行 GRG 产品的堆放；施工定位采用全站仪对每个板块的 *XYZ* 空间坐标进行精准定位；施工过程中应严格按照排板定位图，按照既定好的施工顺序有序地进行板块安装，每隔 5 块产品，需要对整体区域进行尺寸复合以及顺畅度检查，消除累计误差，确保整体性；板块安装后，需要及时检查焊接固定情况，及时进行螺栓对敲以及捂帮处理，确保板块之间的有效连接强度，避免后期接缝处的开裂。

3.5 郑州航空港站

1. 工程概况

郑州航空港站，是郑州“米”字形格局中的主要客站，位于郑州航空港经济综合实验区，总建筑面积 48.3 万 m^2，站房规模 15 万 m^2，站场规模 16 台 32 线。总体布局取意“天圆地方”，其中站房以“龙跃中原，鹤舞九州”为设计理念，通过色彩、曲线、材质等基本设计要素，构建出融合中原文化与现代科技于一体的新时代客站（图 3.5-1、图 3.5-2）。

图 3.5-1 项目鸟瞰图

图 3.5-2 项目实景图

2. 精品工程策划与实施

（1）建筑构思

1）建筑外观：立意于“龙跃中原，鹤舞九州”，取莲鹤方壶之形（图 3.5-3）、瑞鹤翱翔之意，巧借中国古代建筑悬檐立柱的营造法式，结合现代建筑设计手法，将庄重肃穆的方直形态以柔美线条形式演绎出来，呈现一种层层递进的次序感，让人身处其下，便能感受到历史的气息和建筑带来的文化气场。

图 3.5-3 建筑外观演化过程

2）落客平台：高耸而挺拔的立柱（图 3.5-4），嵌入式的灯条贯穿整个弧形柱面，既能以看似单一的形态体现简洁大气的效果，同时避免了常规而容易炫目的点状光源，有种进入时空隧道般的既视感，突出了入口区域的仪式感和尊贵感。镂空位置搭配暖黄色灯光（图 3.5-5），点缀着大块面的天花板，增加了视觉上的变化，也让人感受到不一样的温度，在寒冷的时候，有家的温暖在等候。

图 3.5-4　落客平台白天视角

图 3.5-5　落客平台夜晚视角

3）进站罩棚：进站门洞（图 3.5-6）运用圆弧曲面的当代手法，创造出一个现代感十足的过渡空间，门头金属造型尺寸的循序变化，呈现出独特的韵味和视觉效果。喇叭口造型像是伸开双臂欢迎着旅客的到来，两侧宽大的门套及内窄外宽关系也增添了强烈的仪式感。流线型的形态（图 3.5-7）与高铁车头有着异曲同工之妙，不仅增强了时尚感，也在空间的功能上形成了对外观的呼应。

图 3.5-6　进站罩棚正视效果

图 3.5-7　进站罩棚背视效果

4）站场雨棚：郑州航空港站雨棚为装配式清水混凝土雨棚，位于主站房东西两侧，建筑面积 66420m^2，为预制装配式叠合板 + 现浇联方网壳清水混凝土结构，建筑取意“鹤舞飞翔”，通过斜交密肋梁交织切割形成的菱形格（图 3.5-8）来呈现鹤羽纹理，东西端部挑檐造型（图 3.5-9）体现仙鹤“振翅欲飞”的建筑意象。

（2）样板策划

当项目还处在土建施工阶段的时候，就已经通过建设、设计、施工单位三方共同讨论研究，进行了样板整体策划，确认把幕墙工程和内装工程有代表性的内容作为重点展示。样板展示既可以把方案从理论到实际呈现出来，提供直观视觉及触觉感受，也便于各方位细节整改和方案完善，同时为后续从规格、颜色、材料、收口等方面的优化提供

图 3.5-8　清水混凝土雨棚梁板

图 3.5-9　雨棚东西端部造型

最直接的参考。

1）户外柱体

以往项目采用铝板仿石喷涂与石材交接的做法（图 3.5-10），随着时间推移出现了较为明显的色差，且柱弧面倾角较大，单块石材质量较大，存在一定安全隐患，经综合考虑，本项目在选择材料时，从材料颜色稳定性和项目要求效果出发（图 3.5-11），尽可能地与建筑外观和室内装饰相统一，从而使效果更整体。

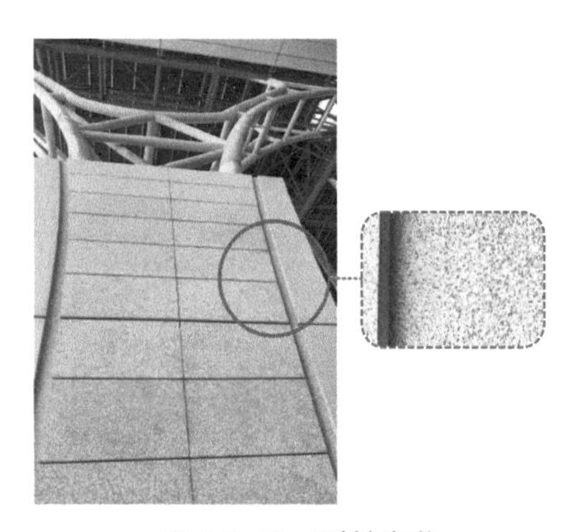
图 3.5-10　石材包钢柱

图 3.5-11　石材 + 铝板效果

2）玻璃幕墙

作为项目主体中体量最大的部分（图 3.5-12），玻璃幕墙充当了非常重要的角色，不仅体现在外观上，也体现在自身的功能上和后期使用过程中的节能环保方面。因此，玻璃幕墙样板的呈现（图 3.5-13）结合内外顶棚、附近柱体、周边收口等内容，可以较好地反映出项目落地后的整体效果。

3）雨棚采光斜幕墙

雨棚采光斜幕墙靠近落客平台侧的采光天窗，除体现采光功能外，也作为屋面与平台交接的一部分，不仅要考虑与平台结构的衔接，在视觉上也需考虑到落客平台的视角。因此，样板实施不仅考虑内部做法，也要考虑外部视角效果，做到内外兼顾。样板一（图 3.5-14）在雨棚柱间加设钢横梁，用以承托斜幕墙自重，钢结构与雨棚清水混凝土结

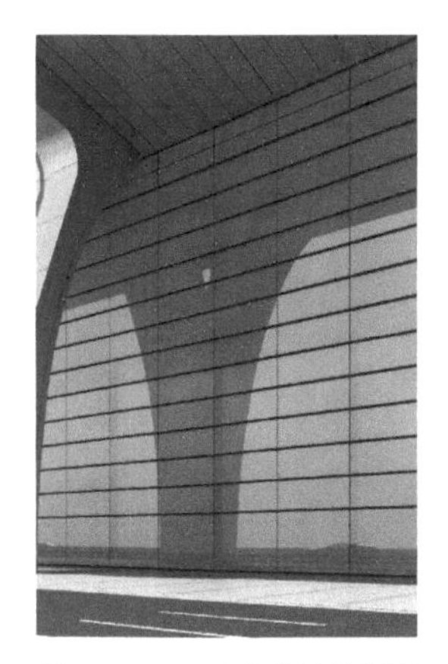

图 3.5-12　玻璃幕墙效果图

图 3.5-13　玻璃幕墙样板

构质感差异较大，在站台空间内显得突兀，缺乏协调感。样板二（图 3.5-15）将斜幕墙延伸至落客平台侧板花池墙上沿，通过摇臂支座与花坛墙连接，裸露的落客平台主梁采用仿清水涂料进行装饰，与站台清水混凝土雨棚融为一体，视觉效果更佳。

图 3.5-14　雨棚采光斜幕墙样板一

图 3.5-15　雨棚采光斜幕墙样板二

4）站台顶棚

站台顶棚（图 3.5-16）延续室外站台雨棚菱形网格肌理形式，加深往来旅客对站台氛围的“第一眼印象”，结合铝条板的拼接变化形成吊顶节奏。

图 3.5-16　站台顶棚效果

站台顶棚样板（图 3.5-17）需从布局、颜色、形态及与现场结构关系上，尽可能地提高方案的还原程度，并考虑后期配套及设备等对空间效果的影响。

图 3.5-17　站台顶棚样板

5）候车大厅顶棚

候车大厅顶棚造型作为室内装饰最重要的部分之一，对元素的应用、观感的体现作用甚大，方案样板（图 3.5-18）采用不同形式的组合展示，通过对比感受，调整完善、优化样板（图 3.5-19）。

图 3.5-18　候车大厅顶棚方案样板

图 3.5-19　确定方案样板

（3）方案优化

1）进站罩棚

进站罩棚原方案边框较宽（图 3.5-20），盒子整体略显厚重，顶面玻璃面积较小，采光受到分格框的影响较大，侧边渐变菱形图案略显复杂。优化后（图 3.5-21）顶部的分

图 3.5-20　原方案实景

图 3.5-21　优化后实景

格框取消，斜面与顶面玻璃一体考虑，更增加了通透性和轻盈感，整体外观效果更现代更时尚，同时金色线条的点缀，不仅对其他空间有呼应，而且增加了趣味性和精致感；取消侧面菱形渐变，同步加大信息显示屏，也使块面更简洁干净。

2）玻璃幕墙

原玻璃幕墙方案缺少立体感（图 3.5-22），扣盖装饰感过强，玻璃单元分块相对细长，横向线条较粗，过于明显，继而显得块面较繁琐，同时也会影响幕墙的采光功能；优化方案不仅对扣盖形式进行了调整，也减少了胶缝宽度，既考虑到幕墙钢结构型材的色彩协调，还考虑到站房的整体统一性，最终将整体幕墙体系优化为竖明横隐效果（图 3.5-23），玻璃分块的规格也优化为 2.7m × 1.8m，在原方案基础上扩大了分格，使幕墙更加大气、通透。

图 3.5-22 原方案效果

图 3.5-23 方案优化后效果

3）站场雨棚

雨棚区站台宽 12m，站台中部最高处净空 14.6m，站台边缘净空 12.3m。将密肋梁由垂直于水平面优化为垂直于拱面，并以 21500mm 拱跨为标准拱，其余拱在其基础上调整边缘尺寸（图 3.5-24），以此将六种不同跨度雨棚的预制构件统一为标准拱叠合板，

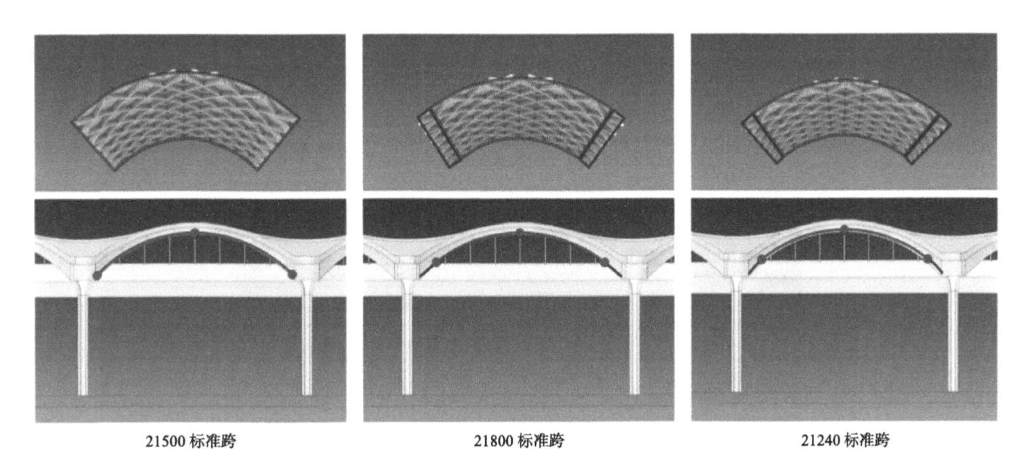

图 3.5-24 不同跨度雨棚标准化调整

将预制装配比提升至89%，大大减少开模数量，节能降碳，且梁边投影线由直线变为“S”形曲线（图3.5-25、图3.5-26），增加了拱面的灵动性和韵律感，视觉形态更丰富生动。

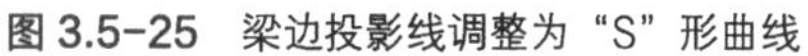

图3.5-25　梁边投影线调整为“S”形曲线

图3.5-26　密肋梁调整后效果

4）雨棚采光斜幕墙

雨棚采光斜幕墙原采光窗（图3.5-27）斜面规格相对较小，分段式做法不仅增加工序，也减少了与落客平台的联系，天窗之间采用铝合金竖向格栅，金属质感与清水混凝土色泽存在反差；优化后天窗为整体考虑（图3.5-28），落客平台视角也更为美观，天窗之间取消铝合金竖向格栅，采用清水混凝土结构曲线线条完成过渡，突出斜幕墙重点，视觉效果更飘逸、灵动。

图3.5-27　原方案效果

图3.5-28　方案优化后效果

5）柱脚拼花

柱子底部底面由原（图 3.5-29）分色拼贴调整为水刀切割异形石材 + 无缝套粘工艺，做到无缝处理，使整体观感更加简明、干净，莲花底座 24 片花瓣同芭拉白石材浑然一体，达到层次分明、栩栩如生的效果（图 3.5-30）。

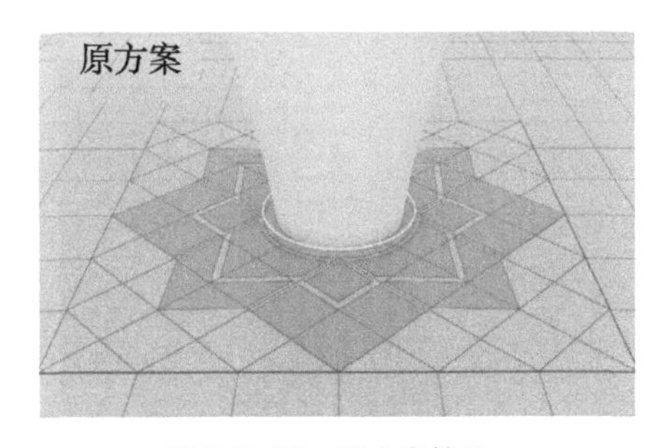

图 3.5-29 原方案效果

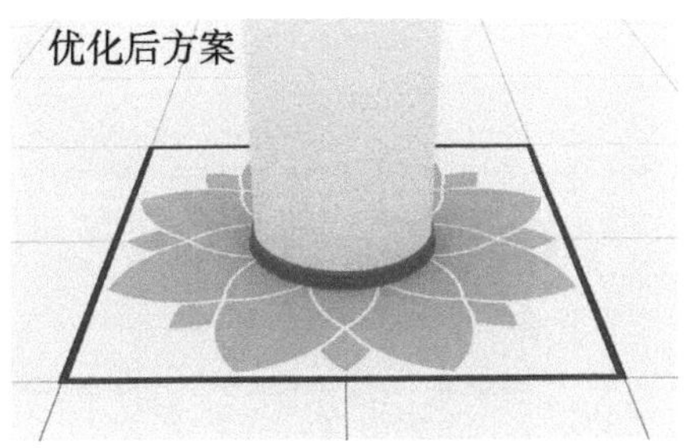

图 3.5-30 方案优化后效果

6）候车大厅顶棚

原候车大厅顶棚为 250mm 宽白色铝单板，间距 50mm，以 3m × 6m 为单元，单元大缝垂轨 150mm、顺轨 200mm，优化后以菱形为基本单元（图 3.5-31），单元体尺寸 2.7m × 6m，板块离缝 120mm，吊顶整体沿两个方向的观感不同，中部为沿单曲面旋转布置，两端沿双曲面渐变，运用菱形单元体端部转折角度与翻边上翻高度的不同变化，形成渐变的肌理，如鹤羽一般交错布置层层叠积，并与雨棚单元呼应（图 3.5-32 ~ 图 3.5-34）。

图 3.5-31 方案优化前后效果

7）地铁出入口

地铁出站结合展示墙的设置，宣传郑州文化的同时也可以起到引导的作用（图 3.5-35），优化方案延续弧形线条，继续以灰白主色调加暖色条形搭配，取消原方案屋檐造型，减轻厚重感，也使地铁出入口更像是大空间的一个部分，而非一个相对独立的空间。

8）售票大厅

增加售票机数量以满足更多旅客使用，提高售票效率；将售票机调整为完全内嵌形式，进一步加大公共活动空间（图 3.5-36）。重新整合空间色调，提亮背景墙色调，营造简洁大气的空间效果；墙面弧形的拼接，金色线条的应用，与其他空间相统一，进而使

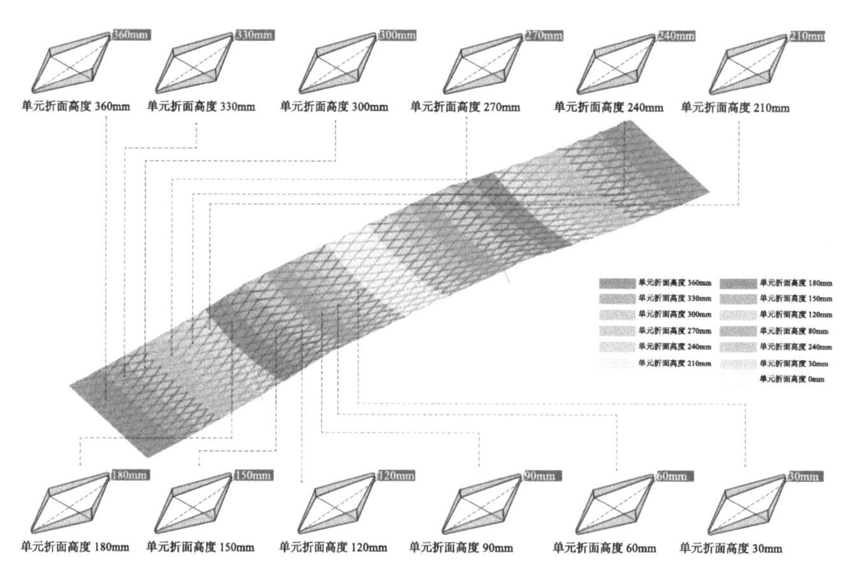

图 3.5-32 优化后做法布置图

图 3.5-33 原方案细节

图 3.5-34 优化后细节

图 3.5-35 地铁出入口方案优化前后效果

图 3.5-36 售票厅方案优化前后效果

空间更加整体协调。

服务台细节上也做了局部优化，以满足更多功能性的需求，在保证功能的同时兼顾了美观。

（4）空间表现

整个航空港的装饰装修（图 3.5-37）以“白色基调为主，局部点缀青铜金”为前提，进行室内空间与室外空间的延续，“室外少黄，室内多黄”，并保证建筑整体性。再以“上下连续、内外融合”的手法，根据地上与地下的不同空间尺度点缀比例，实现上下协调呼应，保证建筑空间连贯性和协调性。未来感十足的空间环境，体现智能、开放、人文，诠释空间美学，致力于构建一个绿色生态、智能创新、开放共享的空间。

图 3.5-37　空间整体效果

1）候车大厅

白色的铝板、透明的玻璃，自然与人文景观被引入室内，使空间更清爽、通透，灵动的线条，在简约大气的空间里，缔造细腻的品质感。可持续设计理念贯穿到整个空间设计中，充分利用自然光线，给明亮宽敞的空间带来开阔视野，体现出流畅的空间感受。菱形的符号从顶棚投射到地面，运用到各个空间里，简约的设计体现出品质和高效的空间氛围。

大厅敞亮大气，搭配上暖啡色的座椅和装饰点缀（图 3.5-38），让空间更有亲和力，也给人以自然、质朴的享受，使整个空间不仅承担旅客的日常等候功能，也能提供一份休闲感受，造型的变化赋予空间独特的场景，富有活力的色彩设计更营造出一个温馨的氛围。

顶棚（图 3.5-39）及天窗的设计呼应了建筑外观的元素，白色铝板上黑色线条交织、盘旋，或是铝板的高差布置及交错布局，构筑呈现规律的几何结构，同时在其中暗藏空调风口，高度简洁自然地展示出时尚感。

图 3.5-38　座椅及空间效果

图 3.5-39　夹层及顶棚效果

2）服务岛台

局部内凹的形式（图 3.5-40），让原本单调的服务台更加有立体感，既增加了变化，避免了乏味，也打破空间中的方正之感，一改传统的折线利落、棱角分明的形状，结合简约流畅的线条，中性的色彩搭配，突出了更为别致的视觉感受，展现出一个具有科技感和未来感的候车空间。

图 3.5-40　服务岛台

3）儿童候车区

儿童候车区（图 3.5-41）将充满童趣的星空、云朵、拱形等元素结合到空间的表现上，不仅贴合孩童的习性，也为候车室呈现梦幻和充满乐趣的场景；暖色调的地面、墙面与坐垫，均为空间增添温和舒适的感受。

图 3.5-41　儿童候车区

图 3.5-42　军人候车区

4）军人候车区

军人候车区采用方正、军绿色的沙发（图 3.5-42），素净且简洁的墙面造型，呈现出庄重与严肃的空间效果，辨识度较高，不仅可直观地表现出军队文化，也为候车人提供了一个亲切而清静的氛围。

5）贵宾候车区

贵宾室均以灰白色系为主，局部辅以青铜金，注重空间色彩连续与统一。

图 3.5-43　VIP 候车室

图 3.5-44　第三候车区

在简洁大气、素雅干净的空间中，植入具有当地文化韵味的元素符号，根据旅客体验需求进行可识别空间设计，统一站房整体的主导色彩，增加主要空间的局部差异性，提升整体文化氛围及身心体验。整体氛围体现当地的特殊性，又蕴含浓厚文化特色（图 3.5-43~ 图 3.5-46）。

图 3.5-45　商务贵宾室

图 3.5-46　行政贵宾室

6）城市通廊

城市通廊端部区域局部地面采用双色石材 45° 斜铺形成渐变菱形图案（图 3.5-47），将“弧角”元素融入空间设计中，结合灰色铝板、暖色的线条，营造现代、开放、活力的科技氛围。通过采用墙面渐变菱形穿孔做法，顶面弧形白色铝方通结合柱位做法呼应城市通廊的建筑形式（图 3.5-48），统一中又有变化，玻璃也延续渐变菱形效果。

图 3.5-47　城市通廊端部空间

图 3.5-48　城市通廊

7）卫生间

卫生间整体色彩、氛围与候车大厅一脉相承（图 3.5-49、图 3.5-50），设置内外高低吊顶形式，解决卫生间净高低和设备管线问题。风口采用菱形穿孔板形式，与站房整体菱形元素相呼应。

图 3.5-49　洗手台

图 3.5-50　卫生间

8）出站厅

将设备门洞与墙面进行整体造型结合（图 3.5-51），地面采用和高架候车相同的斜铺砖形式，中间做深色菱形拼花处理。东侧出站空间（图 3.5-52）灯带结合发光灯片，在空间中部形成中国结形式，可结合休息空间与展台布置，形成空间焦点。

图 3.5-51　出站厅

图 3.5-52　东侧出站空间

9）换乘厅

换乘厅柱身采用金色板结合标识修饰比例（图 3.5-53），使空间更为简洁；青铜金色彩标识，可起到空间引导作用，提升辨识度，增添空间活跃性；风口结合主题壁画，丰富空间层次，以快速通过人流为主，空间简洁大气。墙面采用渐变洞口模拟水流动态（图 3.5-54），既满足采光要求，又能作为墙面艺术展示。

图 3.5-53　换乘厅

图 3.5-54　换乘厅墙面

3. 文化元素分析与应用

（1）莲鹤方壶

“国之精粹、时代之魂”，莲鹤方壶（图 3.5-55~ 图 3.5-57）在河南郑州出土，乃当时时代精神之象征，被郭沫若先生誉为“东方最美的青铜器”。郑州航空港取意于莲鹤方壶，取色为吉金。吉金是中鼎彝器的统称，是铸造青铜器的合金，且有此色的通常是国之重器。

图 3.5-55　莲鹤方壶

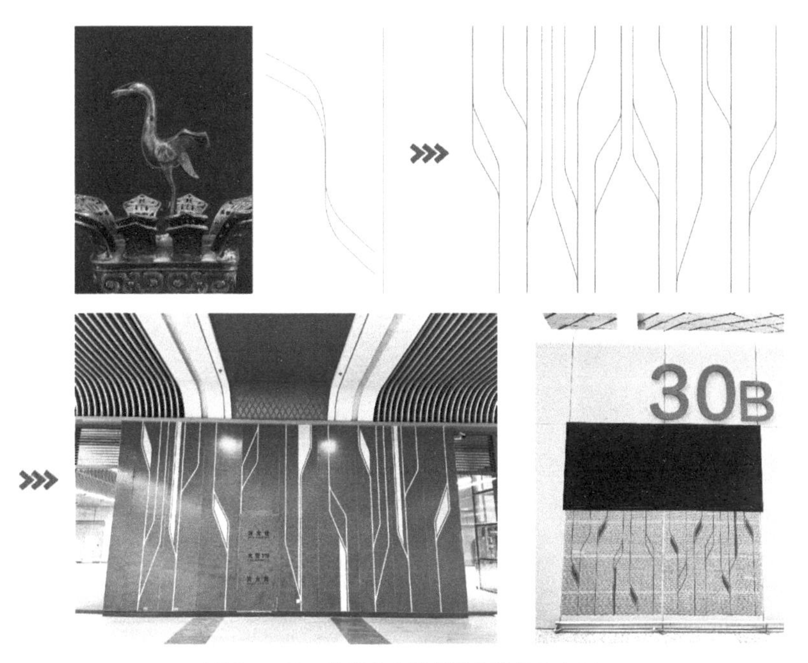

图 3.5-56　莲鹤方壶抽象形态演化及应用

图 3.5-57　回形纹饰形态演化及应用

（2）仙鹤羽毛（图 3.5-58、图 3.5-59）

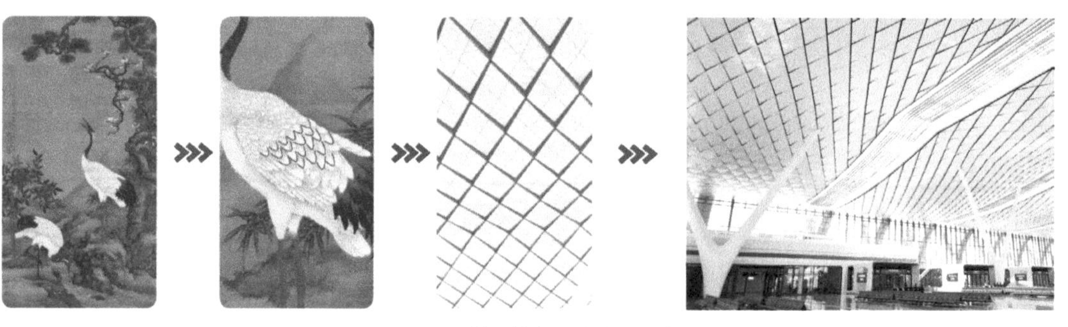

图 3.5-58　鹤羽抽象形态演化及应用

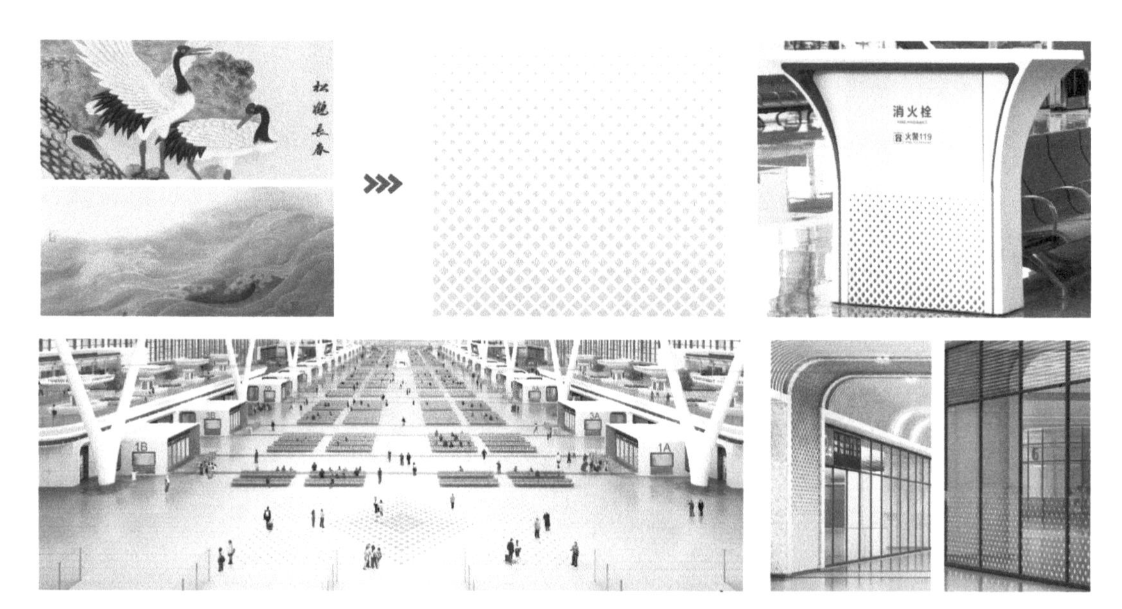

图 3.5-59　鹤羽和黄河水纹抽象形态演化及应用

（3）黄河水纹

整个项目以莲鹤方壶与黄河水纹形态（图 3.5-60）为引子，以直观、转译等手法，突出空间的辨识度，运用现代手法，提炼出典型的要素并将其应用于不同的空间中。不仅可提升旅客的候车体验，也丰富了空间氛围，将传统文化和现代文化共同演绎、互相融合、持续发展，进一步延续浓厚的文化底蕴、传达独有的文化气息、表达深刻的文化要义、体现强烈的文化特色。

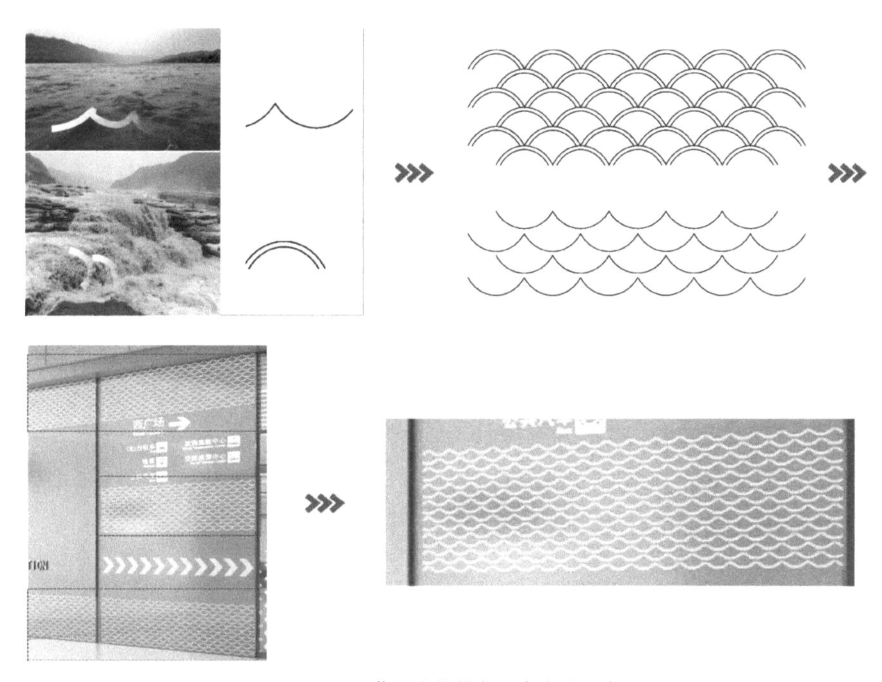

图 3.5-60 黄河水纹抽象形态演化及应用

3.6 哈尔滨站

1. 工程概况

哈尔滨站是在哈尔滨火车站原址上拆除重建的，主要包括新建南北站房、高架候车厅、站台、雨棚，改造第二候车室。新建站房工程建筑面积 73624m^2，地下城市通廊及旅客出站地道建筑面积 15504m^2，站台雨棚覆盖面积为 71586m^2，新建站场设 8 台 16 线。

新建北站房建筑面积 10844m^2，长 114m，宽 40m，主体部分共 4 层，其中地上 3 层，地下 1 层，幕墙最高点 39.5m。

新建高架站房建筑面积 33750m^2，长 187m，主体部分共 3 层，其中地上高架层及高架夹层 2 层，站台层 1 层，幕墙顶标高 22.0m。

新建南站房建筑面积 29030m^2，长 214m，宽 44m，主体部分共 5 层，其中地上 4 层，地下 1 层，地下室层高 8.15m，幕墙顶标高 40.8m。哈尔滨站改造工程整体实景图如图 3.6-1 所示。

图 3.6-1 哈尔滨站改造工程整体实景图

2. 工程实施

（1）前期装修策划

1）成立深化设计团队，精研欧式建筑节点

哈尔滨站站房的最大亮点在于建筑设计中溯本求源，采用具有当地文化特色的欧式“新艺术运动”风格建筑，采用古典建筑造型手法进行立面划分，重现百年老站的风采，装修标准要求高。

为了完美体现“新艺术运动”装饰风格，深化设计团队会同建设单位和设计单位对哈尔滨中央大街建筑群、马迭尔宾馆、省博物馆、香坊站及俄罗斯的莫斯科和圣彼得堡等多地的欧式风格建筑进行考察研究，从中学习欧式建筑的特点，将本工程的细部节点进行妥善处理，力求做到精益求精。

2）组建创新工作室，编制创优策划书

工程伊始，项目部组建了“新艺术运动”欧式建筑创新工作室，精心开展深化设计，强化样板引领，编制创优策划，实现地域特色、时代特征与设计功能和谐统一。

3）对接设计总体意图，深化方案设计

邀请哈尔滨工业大学研究新艺术运动的建筑学专家教授参与深化设计方案，把脉会诊核心元素的应用，保证深化设计出效果、不走样（图 3.6-2）。

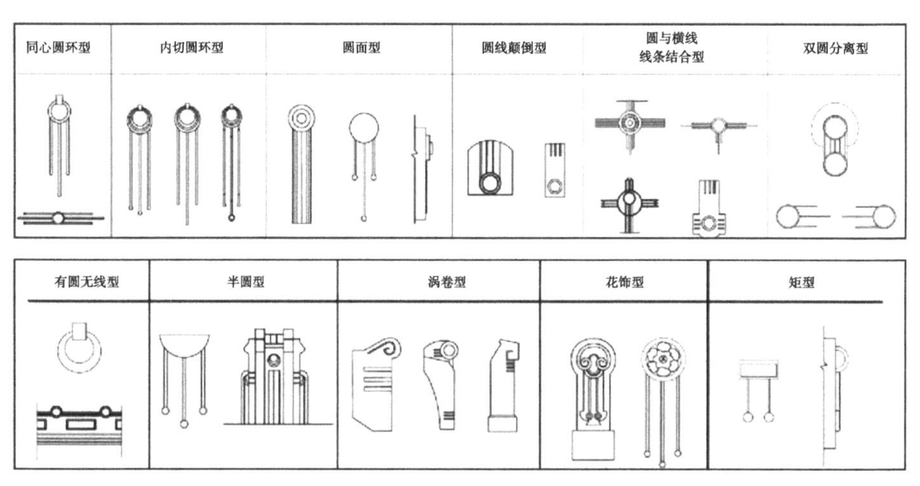

图 3.6-2　新艺术元素运动标志符号

按照设计确定的黄墙、红顶、墨绿外窗的建筑主色，通过色卡比选、颜色试配、样板施作等措施，锁定色彩的 RGB 值和材质，确保设计意图的零误差还原（图 3.6-3）。

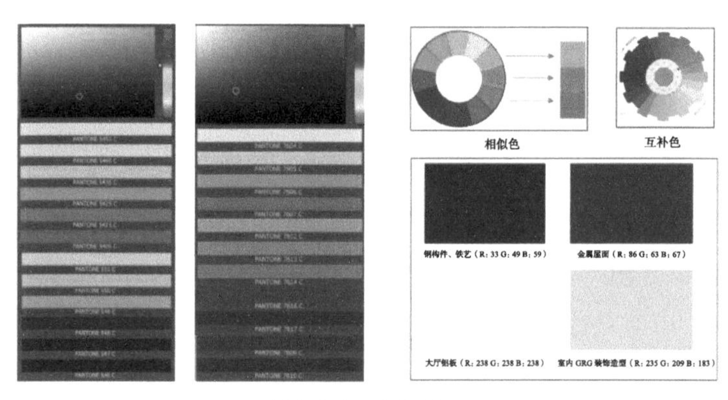

图 3.6-3　颜色试配

（2）多样化样板实施，尽显欧式装修效果

1）Sketchup（草图大师）软件样板展示

通过 Sketchup（草图大师）软件对精装修区域建模，通过直观的 3D 视角解决半柱和墙面的交接部位、柱头、踢脚和墙面收口及窗套和幕墙外窗的进出位关系（图 3.6-4）。

图 3.6-4　Sketchup 模型

2）VR 虚拟场景样板展示

对 BIM 模型进行加工、处理，利用 VR 设备进行虚拟场景展示，还原真实场景，实现更加直观的方案评选。利用 VR 模型对班组长进行装修工程技术交底，让其更加直观地了解装修工程的复杂工艺（图 3.6-5、图 3.6-6）。

图 3.6-5　VR 虚拟场景体验

图 3.6-6　VR 模型交底

3）效果图样板方案比选

利用 3Dmax 软件对需要确定的方案进行渲染，所渲染出的效果图与实物更贴近，以便建设单位和设计单位确定最终方案。

案例：无障碍电梯原方案为不锈钢 + 玻璃进行外部装饰，为将其融入整体的欧式风格中，将其优化为墨绿色铝板 + 玻璃，丰富其外部装饰造型，增加层次感，使其与整体欧式风格浑然一体（图 3.6-7）。

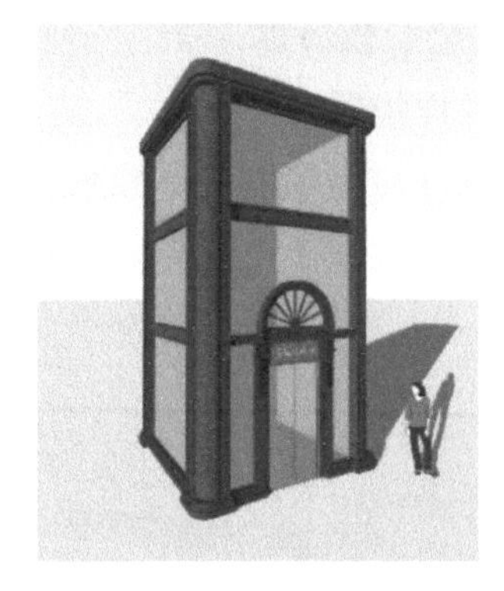

图 3.6-7　优化前实景图及优化后效果图、实景图

4）开拓创新，使用 1∶1 巨型广告布进行样板展示

外幕墙拱券石材幕墙造型优化：邀请哈尔滨工业大学专业研究“新艺术运动”风格的教授会同设计单位对设计方案进行优化，并通过喷绘 1:1 巨型广告布真实反映装修效果，经过两次喷绘修改后最终确认外幕墙石材拱券造型（图 3.6-8）。

图 3.6-8　广告布展示效果及最终实景图

5）实体材料样板

①外幕墙石材选样

外墙石材初步确定为虾红花岗岩、新疆卡拉麦里金花岗岩、黄金麻花岗岩三种石材。经过对绩溪北站卡拉麦里金石材、敦煌机场虾红石材和济南西站黄金麻石材的实地考察，虾红石材不能满足外墙的装修效果；卡拉麦里金产地为新疆，距离哈尔滨较远，且矿源不稳定。在进行外幕墙实体样板施工后，最终选定外幕墙石材为湖北黄金麻（30mm 厚荔枝面）（图 3.6-9）。

图 3.6-9　哈尔滨站外幕墙施工样板

②外墙装饰造型拱券石材料选择

外墙装饰造型拱券石原设计为白色石材，由于白色石材货源少，石材分块不能体现整体性，整块石材尺寸大，质量超重，干挂法安装存在安全隐患。项目部 QC 小组将此

问题作为 QC 课题进行研究，经对白色石材、铝单板、GRC、UHPC 几种材质进行分析研究后，最终选用超高性能混凝土 UHPC（图 3.6-10）。

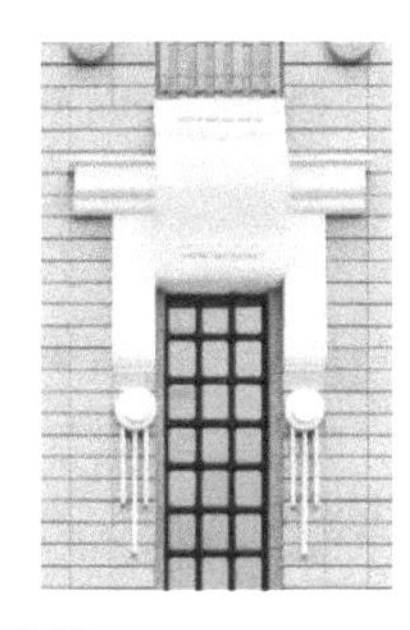

图 3.6-10　UHPC 拱券石装饰造型

③室内公共区域墙面瓷板选样

室内公共区域墙面瓷板选样，先后经过比选，综合考虑抗折强度、耐腐蚀性、放射性、光泽度等材质特性，确定了 13mm 厚、光泽度 20 度，质感与大理石非常接近且纹理不重复的仿千叶金大理石瓷板，整墙质量大幅减轻的同时又完美实现了设计效果（图 3.6-11）。

图 3.6-11　最终确定的墙面瓷板实景图

④圆弧拱造型的材料优化

室内墙面共 66 个圆弧拱造型，制作了石膏板、GRC（玻璃纤维增强混凝土）、GRG（玻璃纤维加强石膏板）样板效果对比，最终选用质量轻且抗裂性能好的 GRG 材料（图 3.6-12、图 3.6-13）。

图 3.6-12　圆弧拱方案样板实景图

图 3.6-13　圆弧拱最终确定方案实景图

6）实体方案样板

①古典与现代相结合的公共区域栏杆

室内铁艺栏杆原型来自于哈尔滨地铁站内的铁艺栏杆，为保证栏杆的耐久性，将铁艺栏杆常用的铸铁材质优化为扁钢，栏杆中间的铁艺造型均为扁钢弯制而成。为更好地把握尺度，将栏杆立柱间距 1m 优化为 2m（图 3.6-14）。

图 3.6-14　哈尔滨站公共区域临空面铁艺栏杆

疏散平台与 1926 年建成的霁虹桥相邻，为了使疏散平台的栏杆风格与霁虹桥的建筑风格遥相呼应，此处铁艺栏杆的边花、立柱和中间的铸铁花的设计灵感皆来源于霁虹桥，其中霁虹桥的铸铁花为沙俄风格的风火轮，疏散平台栏杆的铸铁花选择了具有地方色彩的哈尔滨市花丁香花，以达到文化契合的目的（图 3.6-15）。

图 3.6-15　哈尔滨站疏散平台铁艺栏杆

为使站台栏杆与雨棚钢结构风格相协调，将原方案不锈钢 + 玻璃栏板进行优化，以哈尔滨地铁风井周围的栏杆为蓝本，经过深化和材料优化，确定了既能体现欧式风格又具有历史厚重感的站台栏杆造型（图 3.6-16）。

图 3.6-16　哈尔滨站站台栏杆实景图

②公共区域吊顶简洁大方

候车大厅吊顶制作了分格形式多样、叠级层数各异、孔径大小不一的 8 种样板，经比选确定欧式叠级吊顶方案（图 3.6-17、图 3.6-18）。

图 3.6-17　公共区域吊顶方案样板

图 3.6-18　公共区域吊顶实景图

③公共区域瓷板墙面阳角方案比选

墙面阳角初选方案为三种，分别为海棠角、海棠角补胶后磨圆角、法国边石材阳角

（带两翼的法国边和不带两翼的法国边石材阳角条）。经样板施工，海棠角装修效果较差，带两翼的法国边与瓷板的拼缝易出现不顺直的现象，效果不理想，最终确定公共区域瓷板墙面阳角为不带两翼的法国边石材阳角。

公共区域瓷板墙面阳角为瓷板和石材条组成的法国边，柱子凹陷造型阳角为海棠角。公共区域墙面阳角考虑到粘贴石材的云石胶会占用 1mm，将法国边的石材阳角条初始的截面尺寸 18mm × 18mm 优化为 17mm × 17mm，石材安装完成后对阳角进行二次补胶填缝，调制和瓷板相同颜色的填缝胶，将阳角处的黑缝、掉角等缺陷进行填补，填补的胶尽量饱满，便于后期打磨。将阳角处进行结晶处理，通过打磨修饰使得阳角尺寸统一，再进行抛光处理，使石材与瓷板层次更加鲜明（图 3.6-19）。

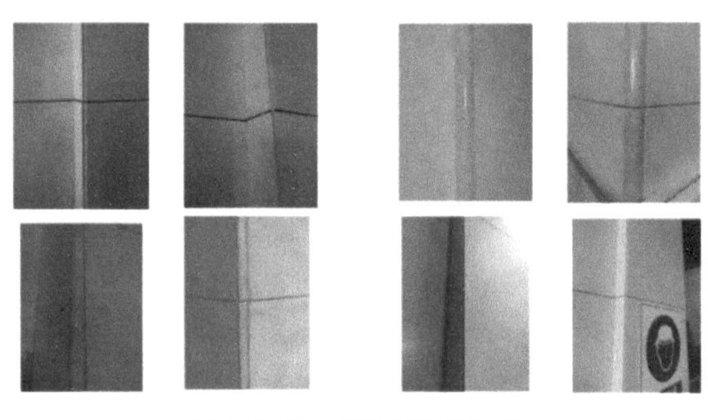

图 3.6-19　优化前后对比图

④柱头造型方案比选

柱头造型原方案为直角造型，“新艺术运动”提倡装饰上突出曲线风格，将柱头造型优化为欧式弧形造型（图 3.6-20、图 3.6-21）。

图 3.6-20　柱头直角造型

图 3.6-21　柱头弧形造型

7）站名方案确定

站名原方案为四个大字“哈尔滨站”，毛体，颜色为大红色。参考长沙站、淮安站的站名做法，取消“站”字，经过样板比选，确定站名方案为三个毛体字“哈尔滨”，颜色选用大红色（图 3.6-22 ~图 3.6-24）。

图 3.6-22 “哈尔滨站”四字实景图

图 3.6-23 “哈尔滨”三字暗红色实景图

图 3.6-24 “哈尔滨”三字大红色实景图

8）施工工艺样板

在大面施工之前划定区域进行工艺样板施工，以明确工艺和验收标准，在样板施工时发现并解决问题，避免不必要的返工（图 3.6-25）。

图 3.6-25 装修施工工艺样板

3. 实施效果

（1）墙、顶、地实现整体对缝

墙、地面石材缝隙横平竖直，十字缝位置拼接精准，墙、顶、地六面对缝，顶棚设备器具横向成行、竖向成列、斜向成线，整体协调、美观大方（图 3.6-26 ~图 3.6-28）。

图 3.6-26 候车大厅整体实景图

图 3.6-27　楼梯踢脚与踏步对缝

图 3.6-28　小便器与瓷砖居中或对缝

（2）散热器壁炉式设计一步一景

在散热器表面创造性采用冲孔铝板，喷绘哈局管内铁路站房的百年变迁，一步一景，艺术气息浓厚，映射出哈尔滨因铁路而兴建兴起的城市历史渊源（图 3.6-29）。

图 3.6-29　壁炉实景展示

（3）体现哈尔滨城市文化的浮雕

浮雕长 22m，宽 1.5m，为 5cm 厚法国金花大理石 3cm 阳刻而成，由抽象的哈尔滨市花丁香花、雪花及音符构成（图 3.6-30），实现地域特点、民族特色与欧式风格相统一，达到文化契合的目的。

图 3.6-30　浮雕造型实景图

（4）采用 BIM 技术完美呈现外立面装修效果

建立外立面 BIM 族库模型，导出石材编码排板图，解决了外墙 39 种形式 845 种不同规格尺寸石材量测、精准下料难题，实现外立面多造型、空间对缝（图 3.6-31）。

图 3.6-31　外幕墙实景图

（5）选用欧式风格的铁艺窗花、栏杆

从哈尔滨苏索亚大教堂和龙门贵宾楼外立面找到灵感，增加欧式的铁艺、窗花和装饰栏杆（图 3.6-32、图 3.6-33），使整体欧式装修风格更加丰富。

图 3.6-32　雨棚上设置铁艺

图 3.6-33　窗户上面设置铁艺窗花

（6）站台雨棚钢结构

雨棚钢结构，采用建构合一、以简驭繁、造型复杂的钢构件拼装成美丽的“竖琴”形制，向万千旅客展示哈尔滨“世界音乐之城”的独特魅力。应用 BIM+CAM 技术，深化雨棚钢结构加工下料详图，通过“搭桥”实现多块板下料，减小热变形偏差，保证加工精度，实现站台雨棚美丽复杂的“竖琴”造型（图 3.6-34）。

图 3.6-34　“竖琴”造型雨棚实景图

（7）屋面工程

站房及雨棚铝镁锰金属屋面，分别以暗红色和墨绿色，抗风揭试验检验合格，直立锁边牢靠；混凝土屋面，排水顺畅、不渗不漏（图 3.6-35 ~图 3.6-37）。

图 3.6-35　站房金属屋面实景图

图 3.6-36　雨棚金属屋面实景图

图 3.6-37　混凝土屋面实景图

（8）扶梯下间休室外立面尽显欧式风情

扶梯下间休室原方案占用空间较大，为满足旅客疏散，将其进行优化，并增加欧式造型，使其与整体的欧式风格相适宜（图 3.6-38）。

图 3.6-38　扶梯下间休室外立面实景图

（9）真空排污欧式铁艺罩

线间真空排污设备为灰白色，在墨绿色的雨棚钢结构中间散落略显突兀，为增强整体性，真空排污设备增设欧式铁艺罩，并设置检修门保证使用功能（图 3.6-39）。

图 3.6-39　真空排污欧式铁艺罩实景图

（10）细部细节呈现

1）公共区域墙面法国边石材阳角

公共区域瓷板墙面阳角部位首次选用瓷板和

石材条组成的订制成品石材阳角条法国边。经粘接、安装、二次补胶、填缝，再结晶、打磨、抛光等十余道工序精细处理，达到层级鲜明、线条硬朗、转角圆滑的效果（图 3.6-40）。

图 3.6-40 公共区域瓷板墙面石材阳角实景图

2）珍珠岩吸声板墙面

机房墙面珍珠岩板横缝安装“几”字形铝合金压条，阳角和踢脚线上口设铝合金护角（图 3.6-41、图 3.6-42）。

图 3.6-41 珍珠岩吸声板墙面机房

图 3.6-42 珍珠岩吸声板墙面节点

3）硅酸钙板墙面

将冷热源机房、制冷机房等重点机房珍珠岩吸声板墙面优化为硅酸钙板墙面（图 3.6-43），硅酸钙板墙面相对于珍珠岩吸声板墙面硬度高，耐久性好。墙面硅酸钙板板缝铝压条采用黑色和白色两种，主要采用白色压条，黑色压条按照 3m × 1.8m 作为单元格划分，门两侧板面对称设计。

图 3.6-43 制冷机房硅酸钙板全景图

4）温缩缝贯通设置

公共区域石材地面温缩缝贯通设置（图 3.6-44），克服因石材基材热胀冷缩造成石材接缝隆起、断裂的质量缺陷。

图 3.6-44 地面石材面层温缩缝实景图

5）优化变形缝方案

原设计方案中变形缝外露部分为橡胶材质，耐久性差。

优化后：地面变形缝采用铝合金成品（图 3.6-45），杜绝了以往变形缝中用“W”形橡胶条作为弹性调节体、美观度差、调节能力小的缺点。

图 3.6-45　优化前后对比图

6）增设踢脚线

原设计方案中公共区域墙面均为瓷板，未设置踢脚线，考虑到瓷板硬度大、韧性小，旅客携带的行李箱等物品容易将瓷板磕碰损坏，将瓷板外侧再设置一道石材踢脚，既保护墙面瓷板不被磕碰，又增加了墙面的层次感，提高美观度（图 3.6-46）。

图 3.6-46　增加踢脚线后的瓷板墙面及柱脚

7）卫生间阳角处理

卫生间阳角打磨圆润处理，美观大方（图 3.6-47）。

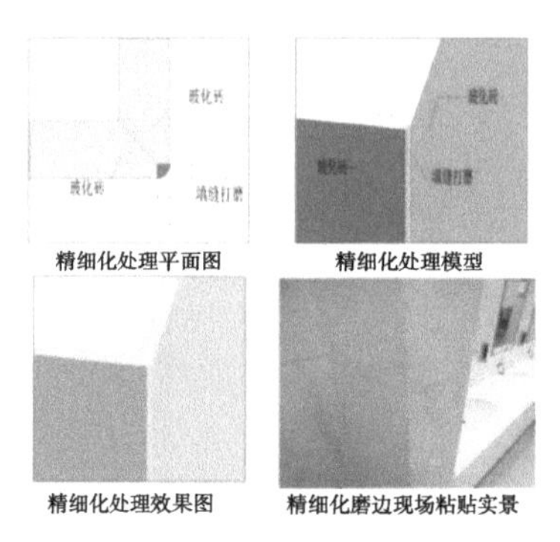

图 3.6-47　卫生间阳角处理流程图

8）卫生间蹲便器安装

蹲便器安装高度比地面高 3mm，精细处理（图 3.6-48、图 3.6-49）。

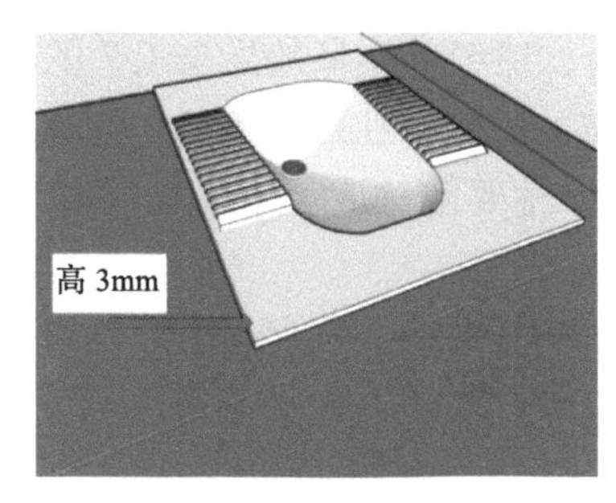

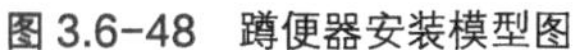

图 3.6-48 蹲便器安装模型图

图 3.6-49 蹲便器安装实景图

9）优化卫生间使用功能

盥洗台端部增设挡水条，防止溢水造成地面湿滑。卫生间洗手台采用单独镜面，在镜子中间设置纸抽和洗手液，方便旅客使用，减少维护成本（图 3.6-50）。

图 3.6-50 卫生间单独镜面实景图

3.7 平潭站

平潭站总体造型以“海坛千礁 丝路扬帆”为设计主题定位，站房立面突出“石头厝”这一平潭独特的旅游景观与文化品牌，结合国际旅游岛要求，采用平潭骑楼的人文景观和文化内涵，设两座塔楼，象征着两岸同胞互通航路上的灯塔，与车站广场以“石头厝”为主题的街区设计相互辉映，充分响应了国铁集团畅通融合的建设理念。

室内候车和进出站环境深化设计突出“经济、艺术”两个要素，深度优化和创新，用常规材料、通过创意性创作，打造新时代艺术人文站房。

1. 深度贯彻经济艺术，创新室内建筑环境

（1）平潭站进站门厅深化设计和施工优化

平潭站进站门厅延伸廊方案属国内首创，具有鲜明的大堂门厅迎宾属性，内设 4 车

道落客平台，解决了沿海多雨情况下旅客进站的问题，门厅优化设计突出迎宾感和仪式感，采用暖色系木纹铝板构建藻井顶棚，辅以恢弘大气的石头排柱，给进站旅客以强烈的视觉震撼（图 3.7-1）。

主要工艺做法：坚持经济性与文化性相结合，用细部诠释效果与工艺的精美，木纹铝板构造系统采用叠级线条处理，柱面设置厚重的柱基、柱颈采用深色虾红石材、柱面采用浅虾红辅以凹槽处理，增强柱体艺术表现力；主要用材是木纹铝板、虾红石材等。

图 3.7-1　平潭站进站门厅

（2）进站广厅深化设计和施工优化

进站广厅室内空间与候车空间一体化设计，创新设计风格和手法，借用主候车空间设计风格，突出海浪和沙滩元素，进站广厅临空面采用叠级错落手法，犹如笔直的海岸线，选用内嵌式侧送风口，整体立面干净利落；25m 高结构柱采用一体化造型处理，采用暖色调虾红石材，弱化横向体量，强化竖向挺拔气度，以高柱裙、藏柱帽、消横缝、破立面、内打光、修线条等手法着力提升空间的整体性和恢弘感受（图 3.7-2 ~图 3.7-6）。

主要工艺做法：柱面采用虾红造型石材、采用一体化处理工艺；临空面虾红线条叠级造型，风口立面采用光面石材格栅造型；吊顶采用弧形铝条板和收边铝板，模拟大海翻滚之波涛汹涌；进站门内饰面借鉴外墙简欧弧形门洞，创作三联拱门洞造型，凸显工艺之精湛、细节之精美；主要材料选用穿孔喷涂铝板、铝条板、造型铝板、虾红线条石材、普通白麻、不锈钢线条等。

图 3.7-2　原设计效果图

图 3.7-3　现场实景图

图 3.7-4　广厅高柱一体化石材柱面

图 3.7-5　广厅临空面一体化造型石材

图 3.7-6　广厅进站口三联拱一体化造型处理

（3）一层候车大厅深化设计和施工优化

平潭站一层候车大厅空间平面尺寸大，横向 143.9m，纵向进深 18m，但井字梁下净空高度只有 6.29m，吊顶标高只有 5.4m，为解决超大平面低空间导致的压抑性，重新对设计方案进行了颠覆性的创作创新。结合平潭海岛特征，选择最具特色的贝壳作为设计主题，由白色贝壳形式演化成圆边三角形阵列，同时对空间开展分区设计和排布，将所有空调、灯具、消防喷淋、烟感、温感等系统进行优化，布置于板块缝隙内，凸显顶面的干净、整洁、大气，具有浓厚的艺术氛围。吊顶分区板采用造型木纹色铝板，墙面采用虾红造型线条石材竖向设计，独立柱采用构造圆形铝板竖向设计，墙面柱面下部采用深色石材或者铝板，增强空间的视觉稳定性，墙柱顶部设置造型灯槽内置暖色灯带，使整体空间既充满文化艺术性，又具有温馨舒适的候车感受（图 3.7-7 ~图 3.7-15）。

图 3.7-7　原设计效果图

图 3.7-8　现场实景图

主要工艺做法：吊顶采用贝壳幻化三角圆边造型铝板处理；条缝反扣铝塑板内嵌设备末端；柱面采用浅灰色圆形长大铝板，顶部做凹槽泛灯处理，底部深灰色铝板增强柱体厚重感；分区及收边采用线条木纹铝板造型处理；墙柱面一体化造型采用虾红石材柱面，辅以深色石材增强厚重感，黑钛不锈钢线条收口处理；消防箱采用整体 180° 旋转推拉式；主要材料选用普通造型铝板、木纹铝板、虾红石材、铝塑板、麻城白麻石材等。

图 3.7-9　全开 180° 消防箱

图 3.7-10　柱面及顶部造型铝板

图 3.7-11　一体化造型墙柱

图 3.7-12　贝壳造型三角板

图 3.7-13　一体化造型墙面

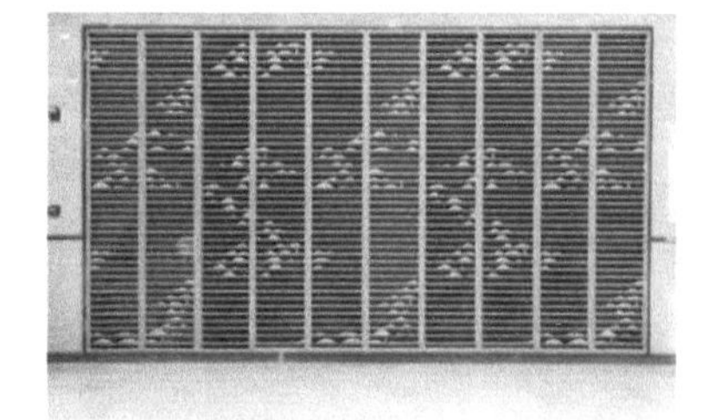

图 3.7-14　充满海洋文化的精致艺术格栅回风口

图 3.7-15　干净整洁的暖色墙面、门洞设置艺术石材门套

（4）商务候车室深化设计和施工优化

商务候车室坚持经济艺术的理念，既体现商务层次的高级感，又兼具营造舒适的候

车氛围，顶面采用造型石膏板，结合镜面金属板、线性灯光照明的设计手法，提升了候车室的视觉高度；墙面采用拱形木纹铝板，营造了舒适柔和的空间氛围；地面铺贴木纹瓷砖，搭配真皮沙发，提供了协调有序的空间氛围。同时墙面采用暖色调艺术涂料，加入贝雕装饰，体现海岛特色（图 3.7-16 ~图 3.7-20）。

主要工艺做法：墙面采用喷涂艺术漆、顶面采用硅酸钙板造型处理、地面铺设木纹瓷砖，分区分隔采用铝板造型工艺，衬镜面不锈钢，凸显空间的高雅、简洁、大气；主要用材选用石膏板、艺术涂料、镜面不锈钢、玻璃、木纹瓷砖等。

图 3.7-16　温馨舒适的商务候车空间

图 3.7-17　分区造型铝板

图 3.7-18　硅酸钙板造型顶部

图 3.7-19　商务候车空间

图 3.7-20　木纹瓷砖地板

（5）二层候车大厅深化设计和施工优化

二层候车大厅作为平潭站最重要的空间，承载着旅客对该站最具想象力的期望。二层顶部结构设计为平顶四面坡，设计为混凝土普通框架结构，结构空间最高点 25.991m，最低点 11.7m，横向开间 139.9m，纵向进深 36m，内设 16 根独立框架柱，其中 4 根双柱。结合平潭海岛特征，创作了具有浓郁海洋特征的大波浪沙滩吊顶，为尽可能实现具有一定具象意义的特征，顶部吸收海浪涟漪和沙滩的形态元素，采用无规则浅黄色穿孔铝板，辅以晶亮粗砂颗粒，模拟沙滩形式；两侧设渐变海波浪收边大顶；挺拔的高大排柱及边柱纵向线条一体化设计，使空间显得温馨、恢弘，且具有浓郁的地域文化特征（图 3.7-21 ~图 3.7-27）。

应用现代光影技术，采用吊顶泛光和柱头泛光烘托波浪氛围；山墙采用硅藻泥仿真肌理艺术浮雕，以“海上丝路”为主题，融入极具平潭特色的石厝村落、石牌洋、公铁大桥、风车、海浪元素，展现福平铁路带动平潭综合实验区融入国家发展规划的重要意义。

主要工艺做法：波浪采用铝单板和铝条板组合而成，模拟三级层叠波浪形态；吊顶采用喷涂穿孔铝板密拼处理，孔洞内局部缀以不锈钢亮片模拟贝壳闪闪发光；柱面采用浅灰色长大铝板辅以不锈钢线条，突出柱子的挺拔和气势；墙柱面采用造型石材一体化处理技术，凸显工艺之细腻、精湛；主要材料选用穿孔喷涂铝板、铝条板、造型铝板、虾红线条石材、普通白麻、不锈钢线条等。

图 3.7-21　原设计效果图

图 3.7-22　现场实景图

图 3.7-23　“海上丝路”大型艺术浮雕壁画

图 3.7-24　二层全景造型空间

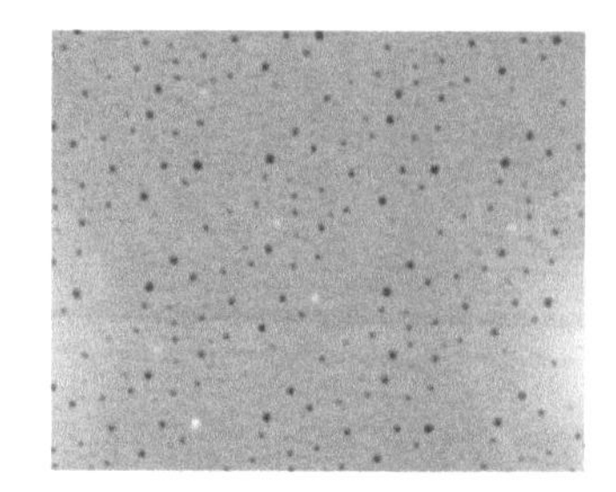

图 3.7-25　沙滩穿孔铝板

图 3.7-26　二层立面一体化造型柱

图 3.7-27　平潭沙滩吊顶施工实景图

（6）二层进站天桥深化设计和施工优化

二层进站天桥为折线形空间，为优化空间形态，采用木纹铝板构成多重门廊的形式，铺设竖向工字地面，并将对应的柱子结构进行颜色区分，突出空间的迎宾仪式感（图 3.7-28）。

图 3.7-28　平潭站二层进站天桥

主要工艺做法：分区断面处理，顶部采用常规硅酸钙板吊顶做造型处理，辅以泛灯烘托气氛；用铝板构造门廊形态，断面造型处理，烘托迎宾的温暖氛围；主要材料选用硅酸钙板吊顶、木纹铝板、灰色铝板、麻城白麻石材等。

（7）站台雨棚深化设计和施工创新

站台雨棚形式为铁四院创作的经典塔式结构，在设计上以古为鉴，为区别于其他车站，在用色用材上进行了新的尝试，木纹柱取意自海岛传统祖庭之木柱，具有显著的中式特色；顶部用灰色和白色进行了分区处理，使空间凸具温馨感，与外墙石头厝相互辉映，使旅客领略独特的进出站候车氛围，独具平潭海岛特色（图 3.7-29）。

图 3.7-29　平潭站站台雨棚

主要工艺做法：普通涂料应用于顶部处理，柱面采用现场滚涂木纹漆；石墩采用传统柱基形态予以丰富；主要材料选用普通涂料、木纹漆、白麻石材等。

（8）出站地道与出站厅深化设计和施工优化

出站地道和出站厅按照让旅客尽快出站的目的去考虑，在此基础上丰富空间表现，出站地道顶部改变传统的条板形式，借意平潭“蓝眼泪”的特征，创新吊顶艺术处理手法；端部为加强短地道的纵深感，采用镜面处理，布置“海上生明月”的端景；出站厅采用传统条板处理，但墙柱面进行了造型丰富处理，使空间显得丰富温馨（图 3.7-30、图 3.7-31）。

主要工艺做法：采用铝板构造线型灯槽构建迎宾通廊感受；顶部穿孔铝板并缀以平潭景观“蓝眼泪”元素，突出空间之优美形态；端景采用玻璃镜面延伸空间，布置“海上生明月”以凸显地域文化氛围；出站楼梯通道采用不锈钢收口处理；出站厅墙顶面交接收口广泛采用木格栅，充满舒适的迎宾景象；主要材料选用木纹铝板、白麻石材、穿孔背衬铝板、玻璃、金属线条等。

图 3.7-30　出站地道实景图

图 3.7-31　出站厅现场实景图

2. 深刻理解绿色温馨，智能便捷，营造候车宜人环境

车站是旅客对铁路服务认知的终极场所，体现着国铁集团对旅客的关心关爱，国铁集团提出“绿色温馨”的建站方针，为深化设计和如何建设一座旅客满意的车站提供了

明确的方向。平潭站建设过程中，始终抓住“绿色、温馨、智能、便捷”的建站要求，致力于打造一座旅客欣赏、社会赞誉、政府满意的新时代站房。

（1）售票厅

售票厅是国铁集团为旅客提供温馨便利的第一场所，为旅客提供丰富的进站票务服务体验，在售票厅的深化设计和施工中，将舒适性、便捷性、智能性、文化性相结合，打造独特的空间体验。售票厅采用开放式设计，提供银行化高质量面对面交流服务；售票背景墙采用平潭“蓝眼泪”为背景，提升旅客服务的空间体验；顶部深化设计海波浪铝条板吊顶，墙面采用格栅收口；独立柱面采用艺术涂料构建砂砾水纹，将声、光、电、色、影与文化有机融合（图 3.7-32 ~图 3.7-34）。

图 3.7-32 “蓝眼泪”背景开放式售票台

图 3.7-33 水纹艺术泛光墙面

图 3.7-34 售票厅全景

（2）候车空间深化设计

以国铁集团“十六字”建设理念为指导，深化候车室功能分区和空间效果，提供更多的候车方式和服务选择。在二层候车室增设综合服务台、军人候车区、咖啡休闲区、商务候车区、母婴候车区、儿童区，保证不同需求旅客均享有舒适的候车体验；候车室通过提取石厝形态元素，塑造新的空间氛围，集散候车厅融入室内景观植物和建筑小品，增加自然气息，体现绿色结合的建设理念（图 3.7-35 ~图 3.7-39）。

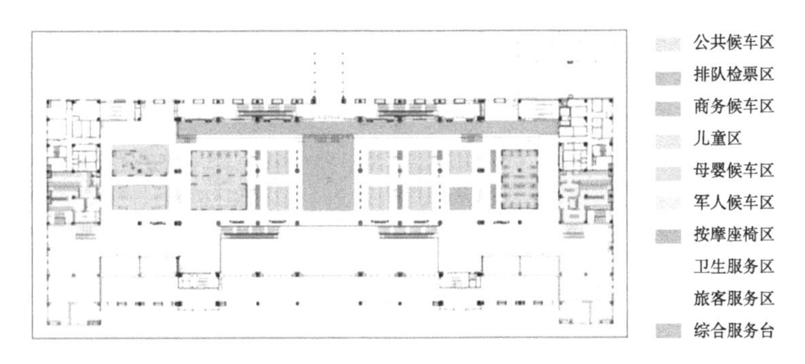

图 3.7-35　二层平面功能分区图

图 3.7-36　二层商务候车区设计效果图

图 3.7-37　二层军人候车区设计

图 3.7-38　二层咖啡休闲区深化设计效果图

图 3.7-39　结合隐藏式消防箱设计建筑小品，融入座椅和绿植（实景图）

（3）室外空间设计与优化

平潭站建造过程中，特别重视配套设施的建设，在绿化、走廊空间、室外景观、栏板等各种配套细节方面均做了全方位的优化，为旅客和车站工作人员提供一个温馨宜人的环境。

站房与站台有 11.27° 夹角，将此处形成的三角区域建设成景观花园，以优美的色彩打破单调，帮助旅客缓解旅途疲惫（图 3.7-40 ~图 3.7-42）。

图 3.7-40　车站内庭广场实景图

图 3.7-41　贵宾室门廊实景图

图 3.7-42　独具海洋特色的石雕摆件

（4）母婴室深化设计与施工优化

母婴室内两边设置哺乳区及清洗区、中间等候活动区，分区合理、私密性好；以浅灰、珍珠绿、暖色木纹等为主体色，营造了极具亲和力的空间效果；暗藏灯光保护儿童视力，搭配云朵吊灯、装饰卡通挂件以及花形软凳，更具趣味性与安全性（图 3.7-43）。

图 3.7-43　母婴室

（5）洗手间空间设计与施工优化

平潭站洗手间尝试一种新的设计氛围，致力于给旅客提供星级享受，施工过程中，对洗手间布局、空间效果、设计用材均进行了全方位的优化，优化后的平潭站洗手间低调、内敛，动线丰富，追求素雅简洁中的温馨感（图 3.7-44 ~图 3.7-50）。

盥洗区以独立式中岛式洗手台，解决通视问题；优化人流动线，通过功能分区、环形路线、绿植引入、文化软装点缀、儿童洗手台、化妆台引入等，凸显对旅客的人文关怀。

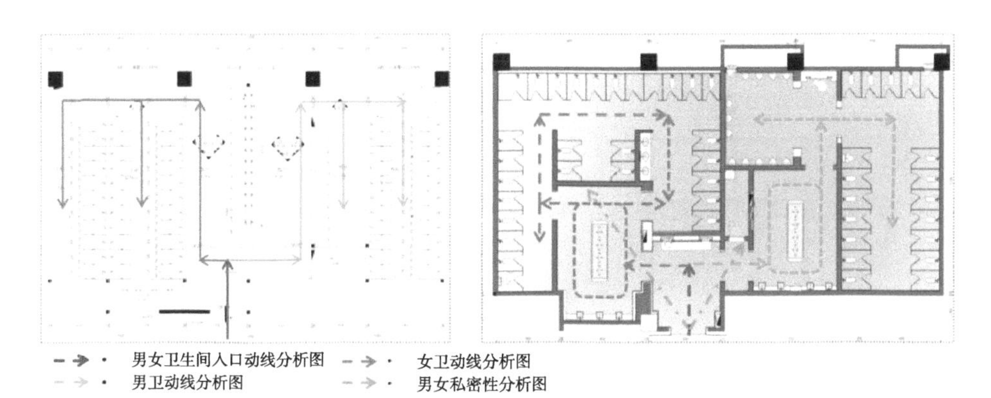

图 3.7-44　洗手间布局和动线优化

图 3.7-45　绿植引入中岛空间

图 3.7-46　时尚典雅、充满时代感的空间

图 3.7-47　现代风格的艺术空间

图 3.7-48　艺术时尚的洗手间公共空间

图 3.7-49　设置自动门、颇具艺术感的第三卫生间

图 3.7-50　洗手间内丰富的艺术空间

平潭站的创新设计实践和高品质的建设，使其成为福州市平潭综合实验区一颗耀眼的明珠和城市标志性工程，实现了国铁集团要求建设成为全路示范、东南引领的建设目标。

3.8　安庆西站

1. 工程概况

安庆西站站房总建筑面积 39976m²，建筑高度为 38.490m。站房地上四层，地下一层，局部设夹层，站场规模为 3 台 7 线，设与站台等长雨棚，总覆盖面积为 14549m²。站房高架层及以下采用钢筋混凝土结构，高架层以上采用钢框架结构，屋顶采用大跨度钢桁架结构，有站台柱雨棚采用站台中间立柱、两侧悬挑的钢结构形式，无站台柱雨棚采用线间立柱大跨度钢结构形式。

站房以安庆的造船文化为设计灵感，建筑造型凸显“皖江潮涌，华夏方舟”设计立意，契合安庆近代船舶工业的发源地的历史地位。站房中部以一条舒展的曲线贯穿立面，宛如一匹飞舞的白练，表现出长江潮涌、奔腾不休的气势；站房简洁有力的弧线，勾勒出时代巨轮扬帆起航的形象，展现新时代安庆崭新的城市面貌（图 3.8-1）。

图 3.8-1　安庆西站正立面实景图

2. 文化研究

每个建筑都是拥有着独特魅力、充盈着人文情怀的作品，是地域文化的传承，也是现代化都市的精神所在。安庆西站工程建设伊始，遵循习近平总书记提倡的“创新、协调、绿色、开放、共享”新发展理念，秉承国铁集团全力打造一站一景的建设方针，项目团队多次到安庆市博物馆、非遗馆、纪念馆调研参观（图 3.8-2、图 3.8-3），了解历史、艺术以及人文文化，致力于探索、发掘站房与城市文化的密切联系。

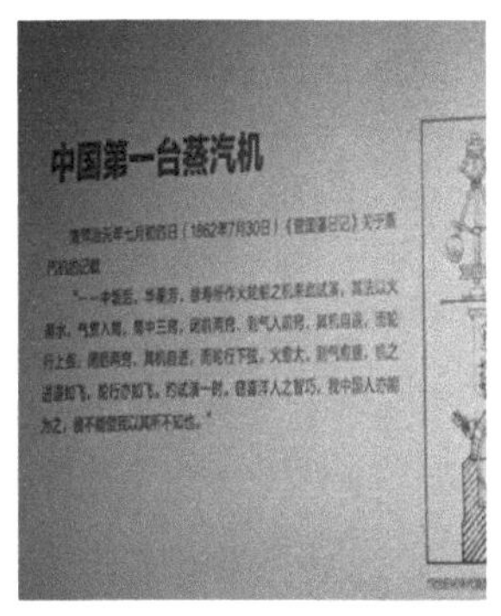

图 3.8-2　安庆市博物馆陈列

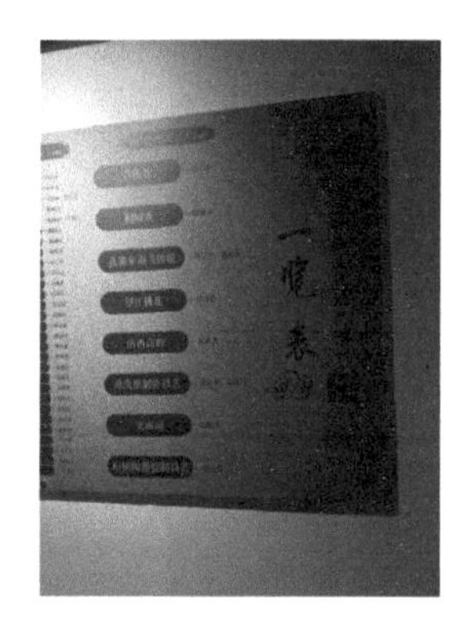

图 3.8-3　安庆市非遗馆陈列

3. 探索设计

安庆西站设计主题为“皖江潮涌、华夏方舟”，站房以船拟形，体现安庆作为中国现代船舶工业的发源地的重要历史地位。站房装饰尊重建筑设计立意，将设计元素从外立面延续到室内空间，多处打造“波涛、船型、游轮”形态，做到了室内外设计思想的高度统一。

候车厅室内装饰深化设计丰富且创新：候车厅内部大量运用曲线、曲面造型，汇集游轮元素；吊顶运用型材的疏密变化，体现江上泛起层层波浪的景象；提取扁舟的形态，打造金色宝船天窗；局部空间、细节等部位，提取了安庆非遗文化“望江挑花”的装饰图案、“黄梅戏”扇子元素、“孔雀东南飞”文化元素以及当地著名人文、景观，作为整体的装饰性元素，与地域文化进行了深度融合（图 3.8-4 ~图 3.8-8）。

图 3.8-4　设计立意

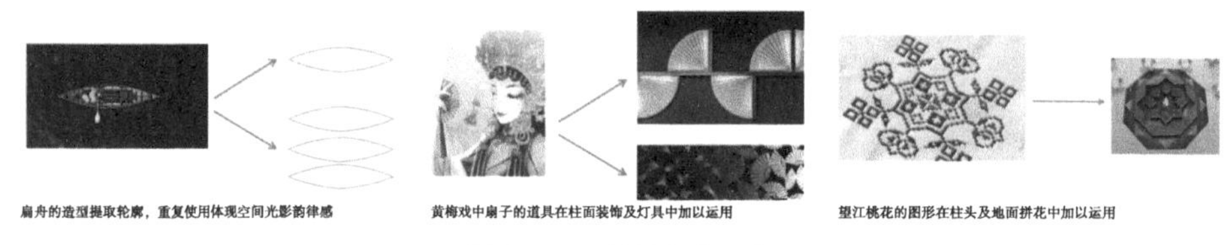

图 3.8-5　地域文化元素

图 3.8-6　站房外形设计方案

图 3.8-7　站房进站厅设计方案

图 3.8-8　站房候车厅设计方案

4. 精品实践

（1）精品实践之站房实景高度还原设计效果

深入研究了本工程的地理文化特征、建构特征、装饰特征，站房外立面为 4 个 51° 锥形角组成，站房正立面 511m 双曲铝板似白练，如长江潮涌、奔腾不休，施工过程中使用大体量的双曲弧形玻璃、铝板来塑造巨轮轮廓，弧形玻璃及铝板幕墙达 2600m^2，还原站房外立面“方舟”造型（图 3.8-9）。

图 3.8-9　站房外立面实景图

将设计立意从站房外立面延续到室内空间，候车厅内疏密相间的吊顶形态，体现皖江潮涌的建筑概念，船型天窗塑造江上巨轮意象，候车厅内 10 根龙船柱、商业夹层船舷栏杆、船舵风口收边，营造出舟行江上、倒映水中的浪漫氛围（图 3.8-10）。

图 3.8-10　站房候车厅实景图

候车厅顶部船形天窗构造，取自宝船龙骨形态，端部造型既有船头形态，又有孔雀尾羽形状，传承船舶工业文化和“孔雀东南飞”民俗文化（图 3.8-11）。

候车厅 10 根宝船柱造型引自孔雀开屏，形态优美（图 3.8-12）。

候车厅倾斜栏板似船舷，风口球喷增加船舵装饰，在立面装饰与顶部宝船装饰相呼应（图 3.8-13）。

图 3.8-11 候车厅顶部天窗

图 3.8-12 候车厅宝船柱

图 3.8-13 装配式船舷形态栏板、船舵装饰球喷

（2）精品实践之装饰手法的探索和创新突破

在国铁集团的指导下，在与同济大学建筑设计研究院共同深化设计的过程中，我们大胆创新、锐意进取，提出了借景、借光、借空间的新思想！

站房天窗侧板，用疏密变化穿孔板做围护，特意将光引入吊顶内部，洒落于整个室内空间（图 3.8-14）。

图 3.8-14 天窗斜面侧板围护

站房南立面，优化幕墙结构，调整立面围护高度，设置观景凭栏，引室外无敌山景与室内交相辉映（图 3.8-15 ~图 3.8-17）。

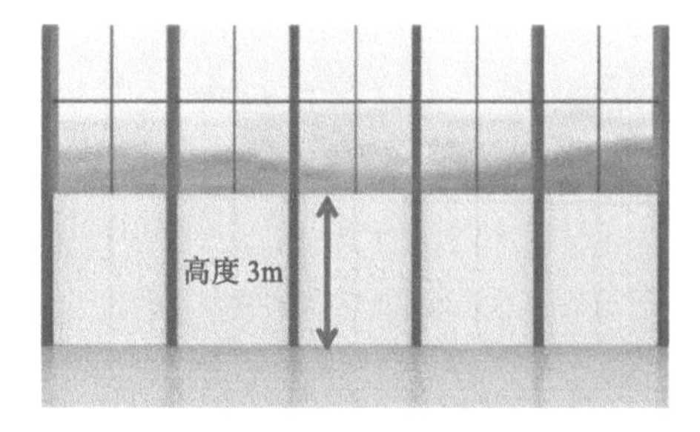

图 3.8-15　候车厅南幕墙原方案

图 3.8-16　候车厅南幕墙优化方案

图 3.8-17　候车厅南幕墙实景图

优化基本站台幕墙玻璃总高度，提升基本站台吊顶高度，使进站层室内外环境融为一体（图 3.8-18 ~图 3.8-20）。

图 3.8-18　基本站台幕墙原方案

图 3.8-19　基本站台幕墙优化方案

图 3.8-20 基本站台、进站厅室内外环境一体化实景

以墙为纸，以石为绘，打破基本站台墙面呆板的立面形象，构造天柱山山形幕墙形态，与对面宝龙山山景呼应；灰空间雨棚挡水板，调整为疏密山形格栅，透出远山朦胧之美（图 3.8-21、图 3.8-22）。

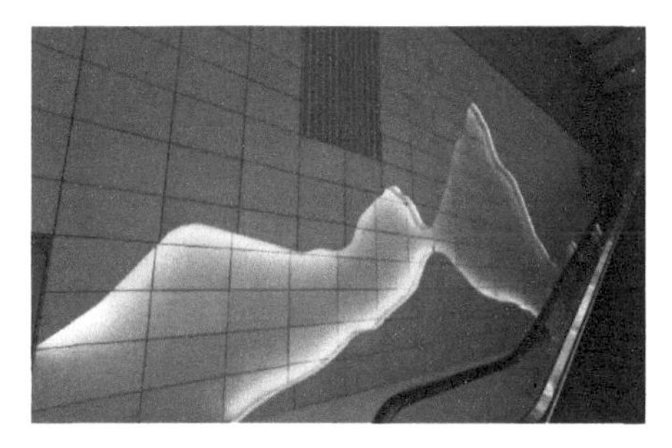

图 3.8-21 山形石材幕墙

图 3.8-22 雨棚挡雨格栅

充分利用出站楼梯的高度优势，将原有的斜面顶调整为通高的顶，通过大块的铝板弧形过渡到顶面，达到墙顶一体化的效果，提升旅客通行空间（图 3.8-23）。

图 3.8-23 出站楼梯实景图

地下出站厅、进站层，通过BIM管综优化，全面调整管线位置，极限抬升顶部高度，扩展空间的视觉高度（图3.8-24 ~图3.8-26）。

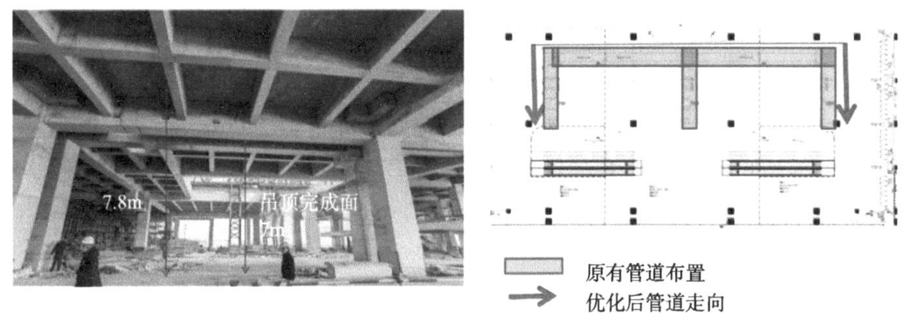

图 3.8-24　进站广厅顶部管综优化过程

图 3.8-25　进站层

图 3.8-26　出站厅

（3）精品实践之装饰空间一致性、经济性、人性化、现代化

运用站房立面流动的线性元素，保持和加强室内外空间装饰风格的一致性，通过装饰面的自然过渡，加强建筑空间的线条感、现代感、科技感。

站房外立面多数为双曲造型，线性元素凸显（图3.8-27）。

图 3.8-27　站房外立面

室内商业夹层临空边、空调风口，候车厅宝船柱帽帽型，均采用流畅的弧形风格，紧扣线性元素主题；闸机进站廊，墙顶圆弧过渡一体化装饰，提升空间观感（图3.8-28、图3.8-29）。

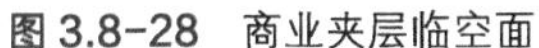
图 3.8-28　商业夹层临空面

图 3.8-29　闸机进站廊

旅客出站楼梯，改变传统斜吊顶形式，墙顶一体装饰，扩展楼梯空间，再无压抑之感；出站内廊，墙顶一体圆顺装饰，渐变穿孔板吊顶，既满足消防要求，又丰富了空间视觉效果（图 3.8-30、图 3.8-31）。

图 3.8-30　旅客出站楼梯

图 3.8-31　出站内廊

综合服务中心：墙顶一体，构造了船舱形态，暗合高铁文化，顶部契合扁舟造型，与建筑整体风格呼应（图 3.8-32）。

图 3.8-32　综合服务中心实景图

打造星级酒店级卫生间，不断提升旅客的候车体验，以使用人性化、精致现代为原则，通过合理的功能划分、分色设计、流线设计，卫生间采用精美镜面、悬浮顶、一体化墙、艺术隔断、艺术壁龛，展示着皖江深厚的文化底蕴（图 3.8-33 ~图 3.8-36）。

图 3.8-33　卫生间局部

图 3.8-34　3 号旅客卫生间

图 3.8-35　1 号旅客卫生间

图 3.8-36　2 号旅客卫生间

地下出站通廊和外廊，通过反复研究结构特征，进行方案比对，最后采用局部装饰与裸结构结合的方式（图 3.8-37、图 3.8-38）。

图 3.8-37　出站通廊仿清水 + 铝拉网简装

进站门厅雨棚，采用简约的精品钢结构 + 夹胶玻璃裸装（图 3.8-39），漆面均匀光泽，细部处理精致，展现现代工业美。

图 3.8-38　出站外廊仿清水 + 柱帽简装

图 3.8-39　进站门厅精品钢结构雨棚

（4）精品实践之艺术创新，站房装饰体现文化自信

文化是历史的传承，也是建筑的灵魂！习近平总书记在清华美院讲：“美术、艺术、科学、技术相辅相成、相互促进、相得益彰。要发挥美术在服务经济社会发展中的重要作用，把更多美术元素、艺术元素应用到城乡规划建设中，增强城乡审美韵味、文化品位，把美术成果更好服务于人民群众的高品质生活需求。”

安庆西站在站房装饰中，研究团队大量应用当地璀璨的历史文化元素，以及人文景观、艺术形象，致力于打造这座地标性建筑的历史底蕴和展现丰富的民族精神。

出站厅墙面，创作历史名篇《孔雀东南飞》故事全景；室内各空间多有孔雀元素（图 3.8-40、图 3.8-41）。

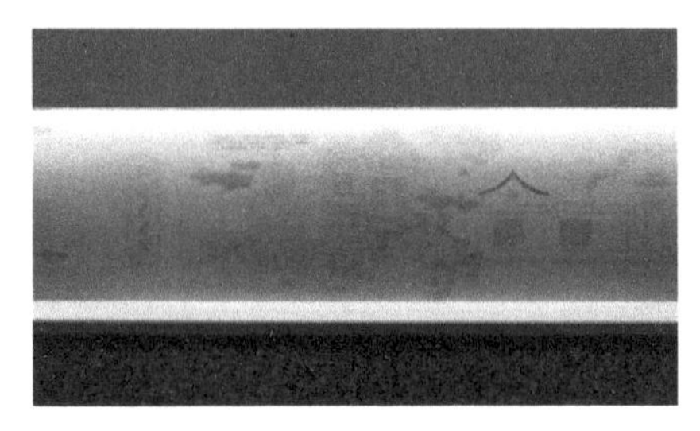

图 3.8-40 《孔雀东南飞》故事卷轴铝板腰线

图 3.8-41　回风口孔雀雕刻影像

出站厅回风口、进站门斗、进站厅吊顶，广泛传承“望江挑花”非遗文化（图 3.8-42 ~ 图 3.8-44）。

图 3.8-42 出站厅回风口

图 3.8-43 进站门斗

图 3.8-44 进站厅吊顶

进站厅柱面设置画扇、戏画，候车厅独立消防箱扇形设计，文脉传承黄梅戏精髓（图 3.8-45 ~图 3.8-47）。

图 3.8-45　进站厅柱面

图 3.8-46　独立消防箱

图 3.8-47　黄梅戏壁画

壁龛造型：出站厅为进一步削减立面的呆板性，设置壁龛造型，增强空间美感（图 3.8-48）。

图 3.8-48 出站厅壁龛

（5）精品实践之工艺创新

精品必精工，始终传承匠人精神，潜心钻研技术、致力材料品质，强化工艺质量，以极致品质铸就安全工程、精品工程。

1）钢结构站台雨棚：在保证安全的基础上，融入地域风格、点缀文化艺术，保证空间干净整洁。

①雨棚檐口采用螺栓构造体系，内增设钢丝绳，保证最极端情况下，还能够脱而不掉（图 3.8-49、图 3.8-50）。

②钢结构雨棚和灰空间吊顶采用徽派色系；选用螺栓暗扣瓦楞钢板系统，柱头节点定型制作，整洁美观（图 3.8-51、图 3.8-52）。

图 3.8-49 雨棚檐口防坠落体系

图 3.8-50 雨棚吊顶螺栓暗扣瓦楞钢板系统

图 3.8-51　雨棚灰空间防飘雨格栅

图 3.8-52　雨棚柱顶柱脚定制

2）立面幕墙体系：幕墙两大特征，一是三维曲面系统，二是开缝体系。研究的重点有：

①开缝体系不漏水，内部防水板衔接紧密、安装牢固（图 3.8-53）。

图 3.8-53　开缝体系内衬防水板

②倾斜立面装饰安全，特别研发了开缝幕墙铝板无序安装的锁扣结构（图 3.8-54），并获得了国家专利。

图 3.8-54　铝板无序安装的锁扣结构

③运用犀牛软件建模、放样等新技术，对复杂的外幕墙立面进行优化（图 3.8-55），重新分配板型、优化曲线角度，优化背衬结构，保证立面纵横向全面对缝，保证曲线流畅、板块平整，实现最好的立面效果。

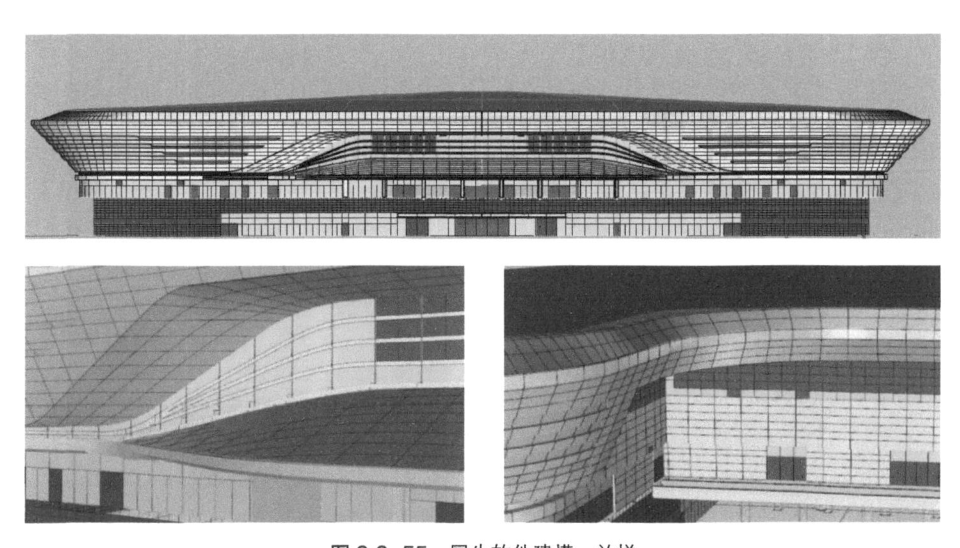

图 3.8-55　犀牛软件建模、放样

④针对曲面幕墙容易出现“挂胡子”的现象，设置了多道滴水构造，避免污染立面（图 3.8-56）。

图 3.8-56　双曲外幕墙实体及滴水构造

3）室内装饰空间品质控制总原则，精做点—控制线—美化面；要求实现的效果，面——平整、圆顺、无变形；线——对缝工整、平直流畅、下料精准；点——精致、精美、有创意。

①顶面采取的措施

候车厅大吊顶：运用样板，针对吊顶形式、板型、缝宽、比例关系进行反复优化研究，实现最佳效果（图 3.8-57、图 3.8-58）。

图 3.8-57　吊顶样板选样

图 3.8-58　候车厅实景

大厅宝船柱：运用模型对曲面进行分板研究，厂内铝板焊接打磨成型；现场组装，整体吊装（图 3.8-59），实现最好效果，并申请国家专利。

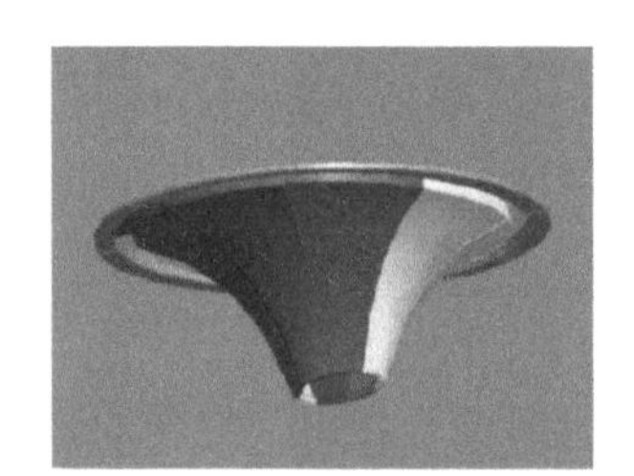

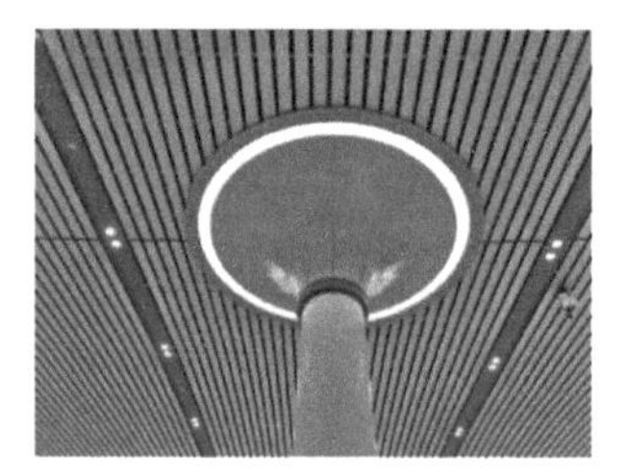

图 3.8-59　候车大厅宝船柱施工技术流程

天窗封板：深入研究侧板分板和穿孔技术，避免厚重突兀，实现透光效果；天窗遮阳，根据结构形式，优化构造，实现遮阳系统的隐藏式方案，保证天窗干净整洁（图 3.8-60）。

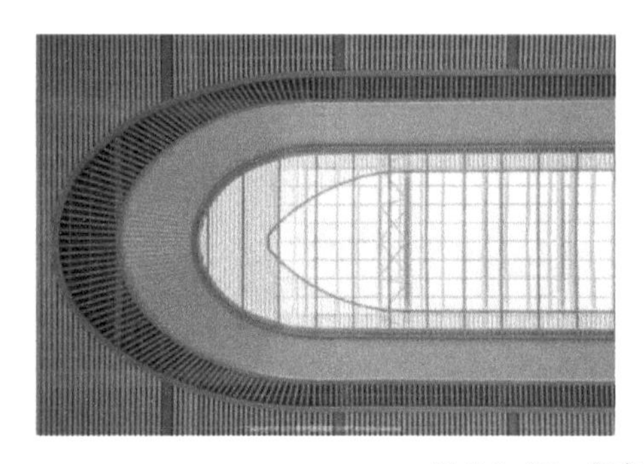

图 3.8-60　候车厅天窗封板、构造

进站广厅顶部运用 BIM 技术，优化望江挑花藻井吊顶的空间比例关系、穿孔疏密关系、设备末端的布置方式，实现最佳的视觉效果（图 3.8-61）。

图 3.8-61 进站广厅实景

②墙面采取的措施

候车厅墙面：商业夹层临边，运用犀牛软件放样，加强背衬和龙骨构造，实现曲面平整、顺滑、圆润的效果（图 3.8-62）。

图 3.8-62 候车厅墙面

候车厅内墙：墙面加强龙骨和背衬构造，实现大面高度平整；幕墙采用长大版型，设置凹槽强化构造，避免厚重，实现轻盈、顺畅之感（图 3.8-63、图 3.8-64）。

图 3.8-63　候车厅内墙

图 3.8-64　候车厅大幕墙

石材墙面：高精度拼装，实现一体无缝效果（图 3.8-65）。

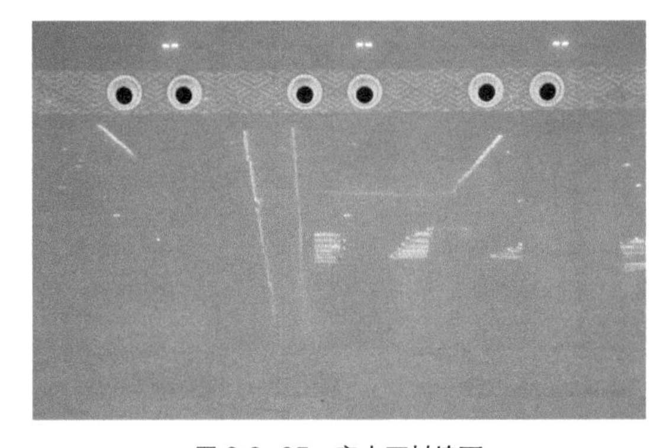

图 3.8-65　室内石材墙面

进、出站廊墙面：运用样板，研究空间比例关系、版型关系，实现内外空间表现手法的一致性；开发铝板插接技术，实现铝板拼装的无缝效果（图 3.8-66 ~图 3.8-68）。

图 3.8-66 超大铝板墙面实景图

图 3.8-67 插接式铝板节点

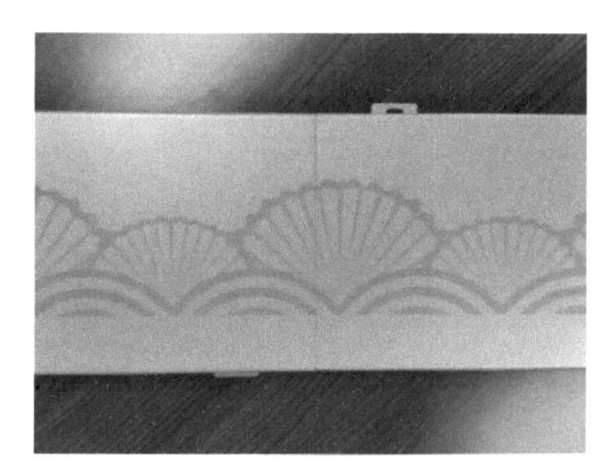

图 3.8-68 插接式铝板密拼实景图

③专项设计

卫生间：墙面水磨石瓷砖，轻盈现代；精美镜面，赏心悦目；地面拼花，温馨美观；创新隔断，文化浓厚；隐蔽通风，精美艺术（图 3.8-69）。

图 3.8-69 卫生间墙面、地面

栏板隔断：候车厅采用船舷形态，牢固易更换；楼梯临边护栏，装配式工艺节点精细；反坎端部石材整体定制，安全美观；南立面临窗凭栏构造新颖、细节丰富，倚窗赏景，美不胜收（图 3.8-70 ~图 3.8-72）。

图 3.8-70　商业夹层船舷形态栏杆

图 3.8-71　楼梯临边装配式栏杆

图 3.8-72　站房南立面临窗凭栏

门斗：空间以小见大，对缝工整，版型平整，曲线流畅，雕花精美（图 3.8-73、图 3.8-74）。

图 3.8-73　站台层进站门斗

图 3.8-74　高架层进站门斗

空调风口：大厅送风口铝板凹槽加工圆润，做工精美；墙面回风口、出站厅回风口采用铝板雕刻，艺术气息浓厚（图 3.8-75 ~图 3.8-78）。

图 3.8-75 候车厅风口

图 3.8-76 高架墙面回风口

图 3.8-77 进站厅风口

图 3.8-78 出站厅回风口

柱面运用竖槽、腰线等工艺将整体“矮胖”形象破解，以避免柱体的厚重感，槽内嵌饰水纹荡漾的图案，凸显细节之美（图 3.8-79）。

图 3.8-79 站台层进站厅柱面实例

独立消防箱：高精度加工、形态优美，融功能环境于一体，与建筑整体造型匹配（图 3.8-80）。

图 3.8-80　候车厅独立消防箱实例

光电技术运用：站房运用了大量的光电元素，考虑好检修、便更换、易购买、节能等原则，运用亚克力背板、灯膜等工艺，最大限度降低运营负担，以实现现代站房光电效应（图 3.8-81 ~图 3.8-83）。

图 3.8-81　站台进站厅实例

图 3.8-82　进站检票口实例

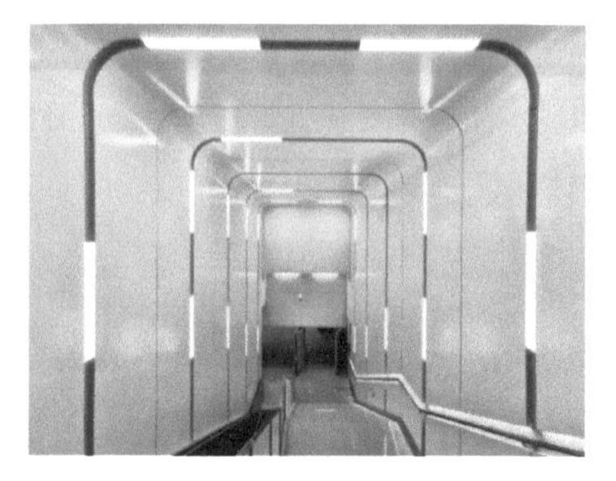

图 3.8-83　出站层出站楼梯实例

艺术水沟盖板：采用山水线条雕刻水沟盖板，文化浓厚，形态优美，排水较打孔式盖板更加流畅（图 3.8-84）。

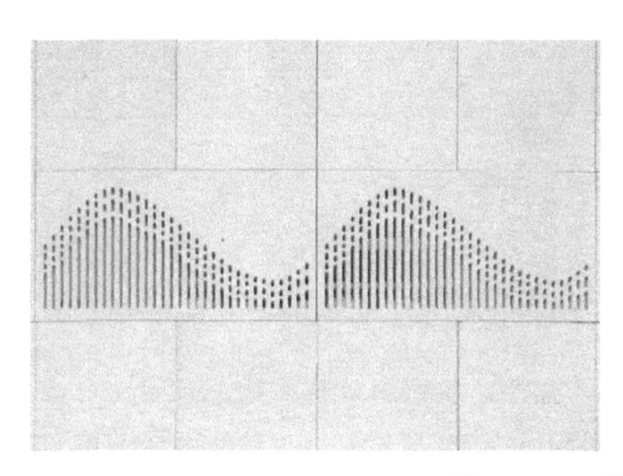
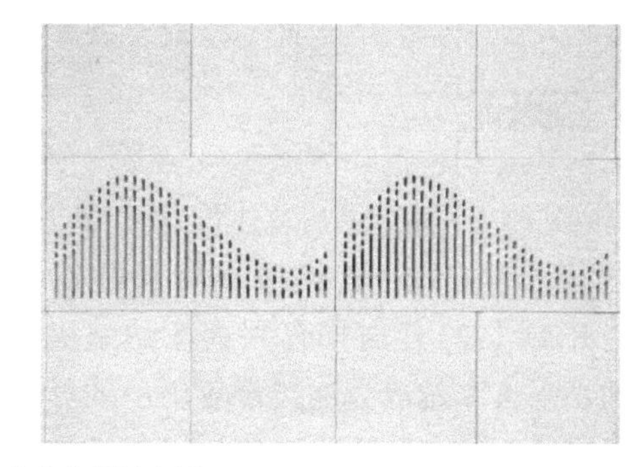

图 3.8-84 艺术水沟盖板实例

金属光泽栏杆扶手：站房扶手专项设计，扶手色彩与站房点缀色宝船金色一致，通过拉丝不锈钢打磨药化后，再喷涂漆面，色泽均匀；玻璃面采用静态标识做法，融合地域文化（图 3.8-85、图 3.8-86）。

图 3.8-85 宝船金色扶手实例

图 3.8-86 玻璃栏板地方文化特色贴膜画实例

3.9 嘉兴站

嘉兴站改工程南北站房总建筑面积1.5万m^2，站场规模3台6线，遵循历史资料贴临北站房1∶1还原1921年时期嘉兴火车站站房。改造后的嘉兴火车站成为连接百年历史的红色纽带，以崭新面貌迎接建党百年。嘉兴站尝试优化传统上进下出、南北联系的交通方式，所有换乘和集散均在地下一层解决，打造快进快出、无缝衔接的“超级换乘”枢纽。

图 3.9-1　北站房鸟瞰效果图

嘉兴站改工程创造了多项国内第一，是第一座现代与复古结合的车站；第一座半地下车站；第一座站城一体的公园系火车站；第一座采用无机磨石加阳极氧化复合蜂窝铝板等现代新型材料的站房；第一座无顶灯技术的新型站房；第一座复古雨棚与现代雨棚结合的站场；第一座时光隧道火车站；第一座极简风格的现代站房；第一座引入真绿植的站房等（图3.9-1～图3.9-3）。

图 3.9-2　南站房鸟瞰效果图

图 3.9-3　站前广场效果图

1. 深化设计，致力于还原效果图

嘉兴站改工程站台规模3台6线，改线侧平式站房为线侧下式站房，站房深化设计致力于效果图还原和原设计质量提升，精心研究原有建筑方案，对材料选用、板材排板、工艺工法、细节处理等精心策划，确保高质量地呈现设计效果（图3.9-4、图3.9-5）。

图 3.9-4　地下候车室效果图

2. 匠心建造，以创新引领精品实现

嘉兴站是一种极简风格的站房，设计和施工采用了大量新型材料和新工艺，以最具视觉冲击力的效果，营造空间氛围。

首创复杂曲面结构水磨石无缝施工技术：嘉兴站墙面均采用白色亚光无机水磨石，传统的分块做法是墙面留缝分块干挂，为更好地实现设计效果，在保证弧面石材的圆顺度和完整性的前提下，与幕墙玻璃、铝板吊顶保证对缝一致，墙面板块整体考虑与玻璃幕墙及船头造型对缝呼应关系，将墙面均匀分成11块

图 3.9-5　地下通廊效果图

0.8m × 2.1m 大板无机磨石，有效减少石材拼缝，既考虑整体关系，又保证板块大小美观性。施工板块拼缝不大于 0.5mm，曲线部分，在厂家用无机磨石荒料掏制而成。干挂完成后，用无机磨石粉调制浆液勾缝，实现墙面的一体化效果（图 3.9-6 ~图 3.9-8）。

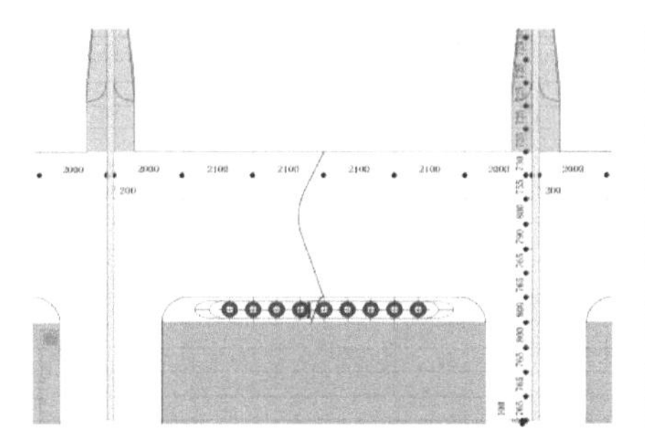

图 3.9-6　嘉兴站墙柱实景图

图 3.9-7　墙柱大板加工

图 3.9-8　墙柱一体化无缝处理

首创阳极氧化复合蜂窝铝板的子母插接型材安装方式：嘉兴站吊顶采用微孔阳极氧化蜂窝铝板，呈现的效果为下沉 300mm 弧形面，原设计吊顶采用工字形错缝拼接。吊顶板块 1.05m × 2.1m，由于板块过小导致整个吊顶很稀碎，且缝隙极多。经过对阳极氧化蜂窝微孔铝板的研究分析，板块采用十字对缝拼接，增大板块尺寸，采用 1.4m × 5.2m 大板拼接，优化背筋和吊挂方法。1.4m 宽度与玻璃幕墙竖缝完美无瑕对应。5.2m 长度与天窗缝隙相呼应。发明了子母插接型材安装方式，保证了板块整体平整度，使整体吊顶空间更加简洁干净平整美观（图 3.9-9 ~图 3.9-11）。

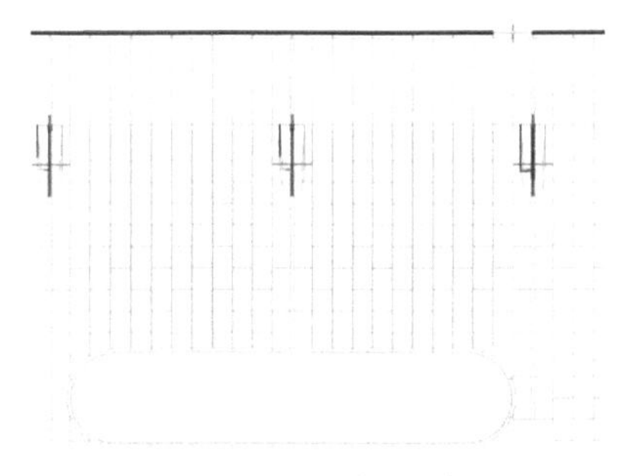

图 3.9-9　原设计吊顶布置图

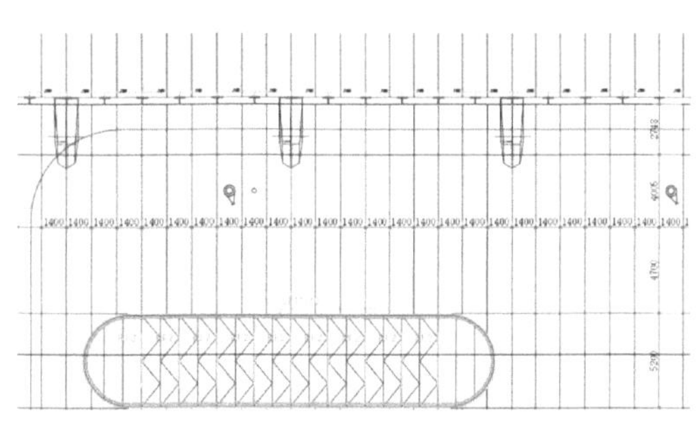

图 3.9-10　优化吊顶布置图

图 3.9-11　嘉兴站吊顶实景图

首创阳极氧化复合蜂窝铝板双曲面安装技术，双曲面蜂窝铝板创新吊挂方式，改进吊挂结构，通过调整吊挂件使铝板双向硬扭硬拼，达到曲线顺滑的目的（图 3.9-12）。

图 3.9-12　嘉兴站双曲面吊顶实景图

首创无应力穿孔和卷边加工技术，阳极氧化铝板加工过程中，特别容易产生应力集中现象，在侧光照射下，容易出现波纹。嘉兴站阳极氧化板加工过程中，反复试验研究出无应力穿孔及整卷连续数控冲孔加工工艺，采用卷冲方式，避免了因铝板较薄穿孔导致出现的应力波纹，从而更好地保证了大吊顶效果呈现（图 3.9-13）。

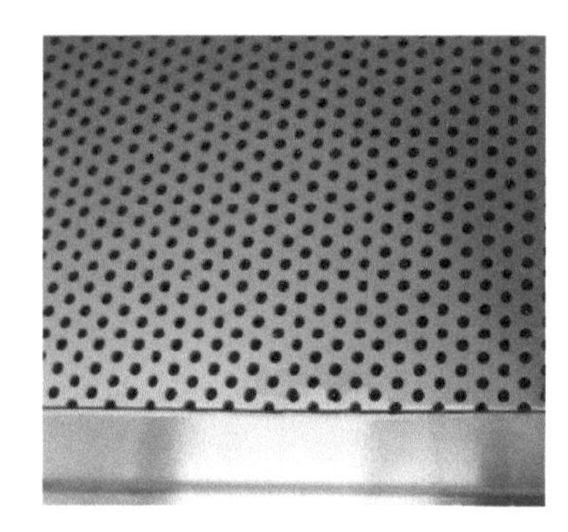

图 3.9-13　嘉兴站吊顶穿孔蜂窝阳极氧化铝板实景图

首创钢板加新型水泥艺术涂料仿石材工艺，嘉兴站室内夹层平台为船头形式，下部要实现整体无缝、色泽一致的效果，施工中采用干挂钢板形成基层，表面挂网，面层采用由高强水泥提炼成的精细的优质水泥胶凝材料掺入白色骨料，形成高强度、有韧性、抗渗耐磨、大面积无缝的新型装饰混凝土面层材料，完美实现设计效果（图 3.9-14）。

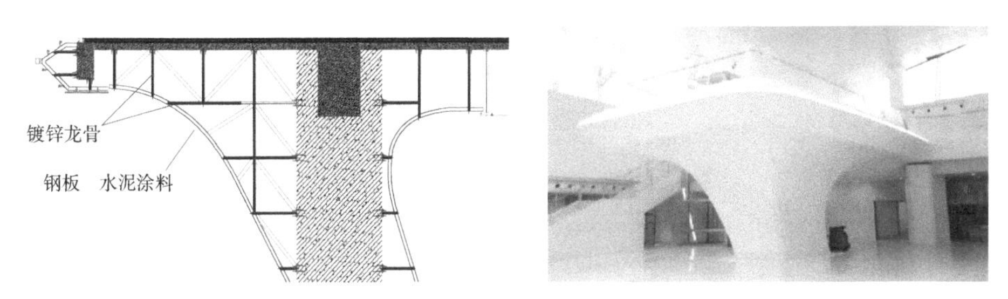

图 3.9-14　嘉兴站异形船头实景图

运用手机制造工艺，首创打砂不锈钢栏板及座椅系统：嘉兴站座椅采用高端打砂不锈钢工艺制作，深化设计先行定制座椅形式，通过三维建模（图 3.9-15），确定座椅的详细构造尺寸，由厂家制作完成后，用不锈钢打砂工艺完成表面处理。

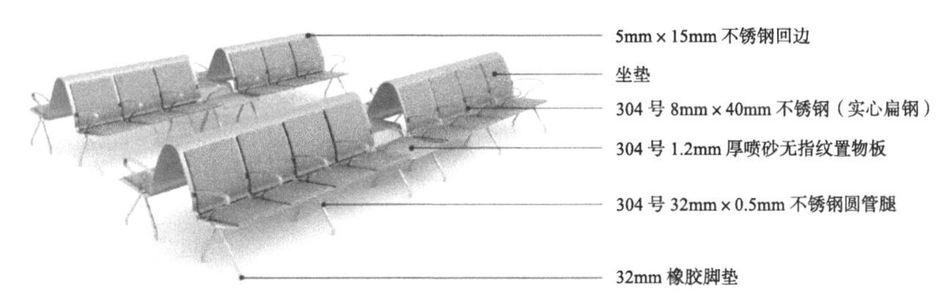

图 3.9-15　嘉兴站座椅三维图

首创异形、曲线、超长、无缝灯带，单条最长达 16.5m：嘉兴站室内为无缝整体墙面，市场通用单根灯带最长不超过 6m，安装过程中存在接缝。施工中通过优化，在厂家特别定制超长无缝灯槽和卡槽式面板，实现一体无缝的效果（图 3.9-16）。

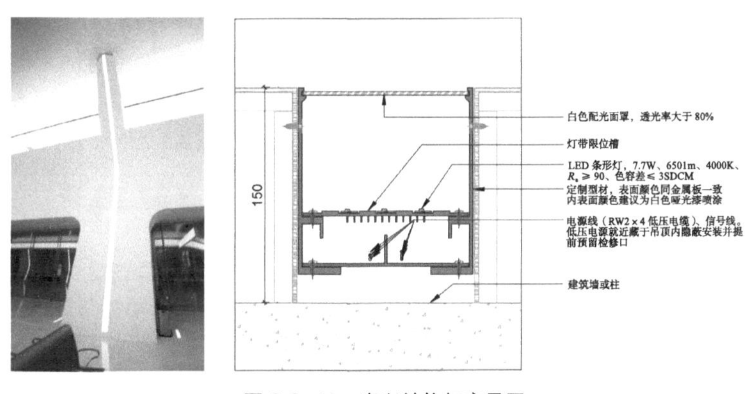

图 3.9-16　嘉兴站柱灯实景图

首创弹性、抗裂、整浇无机磨石地面：嘉兴站地面创新性地采用无机磨石地面，设计容许采用板块拼装方式。考虑到更好地实现设计效果，应用了整体现浇磨石地面，为避免整体地面容易出现裂缝的情况，基层采用了7cm厚低收缩抗裂混凝土，只有普通混凝土收缩率的10%；并利用特制铝合金分隔条扩大面层板块分割，最大分格尺寸6m×6m，进一步确保整浇地面磨制完成后平整无裂缝（图3.9-17）。

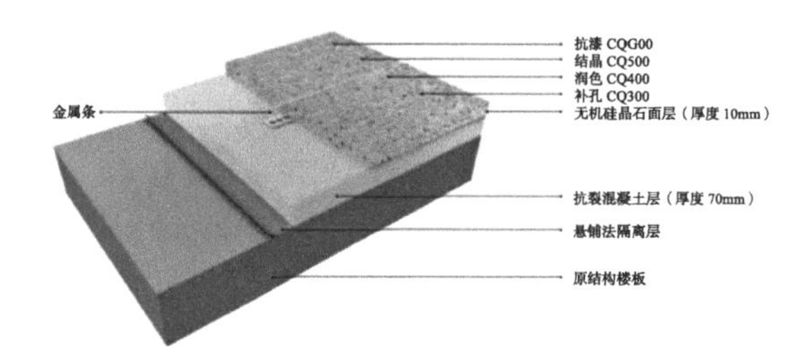

图 3.9-17　嘉兴站地面实景图

首次引入打砂不锈钢洗手间隔断系统，为保持室内空间材质的一致性，尽显现代高端，洗手间隔断系统应用了打砂不锈钢，表面设置有无人光电显示装置（图3.9-18）。

图 3.9-18　嘉兴站卫生间隔断实景图

首次在站房候车大厅引入大型乔木植物，深化设计时，乔木选择能适应地下光照不足条件下的生长，同时室内树池做好给水和排水措施，树池采用无机磨石制作，采用滴灌技术，确保室内植栽能够完好成活（图3.9-19、图3.9-20）。

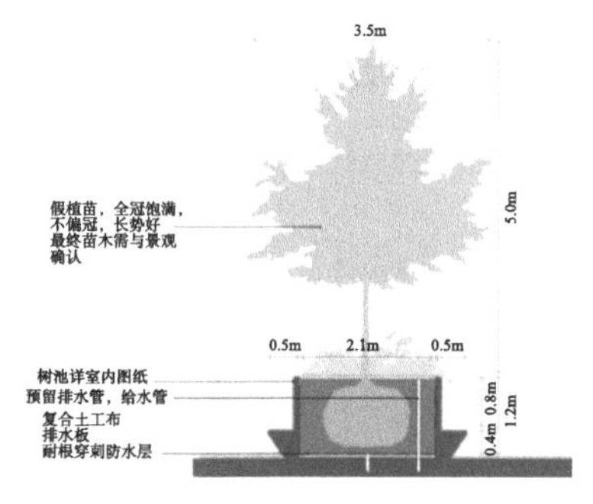

图 3.9-19　乔木种植池剖面

图 3.9-20　树池实景图

首次创新隐藏式设备末端运用技术：为保持室内墙顶地干净整洁，将原附着于墙面的设备末端，如监控、广播等特别优化，藏于定制假风口内（图 3.9-21）。

图 3.9-21　嘉兴站风口结合广播设备实景图

首次创新无障碍售票台升降系统：传统无障碍售票窗口低于正常台面 300mm，考虑到残障人士使用概率极低，为保持空间的整体性，又便于使用，特别研究制作了可升降售票台（图 3.9-22）。

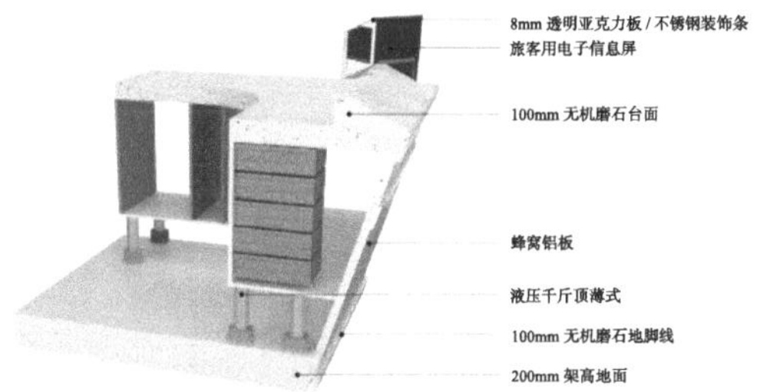

图 3.9-22　嘉兴站售票厅无障碍售票台实景图

3. 精研技术，创新工艺工法

精研材料，优选厂家，经过 30 余次现场样板，上百次工厂加工工艺、冲孔工艺调整（图 3.9-23），解决了微孔阳极氧化铝板色差、冲孔应力集中、穿孔毛刺、弯曲精度等问题。

图 3.9-23　驻场监造

精研构造，运用微螺母调节技术，保证了安装构造的安全性、又解决了超大面积曲面复合阳极氧化蜂窝铝板精度及平整度要求高、“见光死”的问题，达到了曲面吊顶整体圆顺效果（图 3.9-24）。

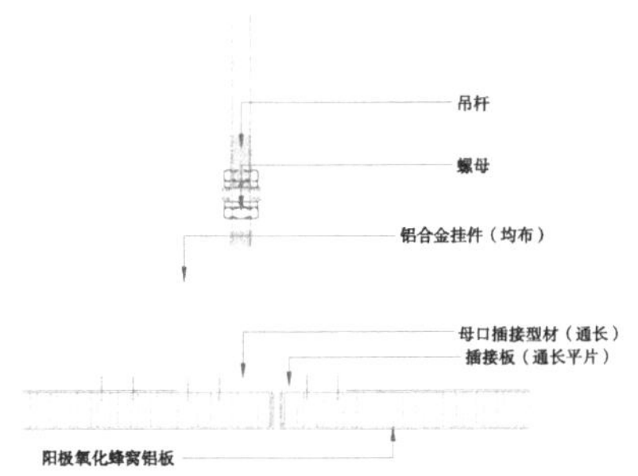

图 3.9-24　安装节点大样

精研工艺，运用原粉掺胶技术，解决了无机磨石墙面系统一体化的问题（图 3.9-25）；异形风口石材运用套膜技术，解决了变径柱双曲角工艺难的问题。

图 3.9-25　精致化成品效果

精研技术，采用铝蜂窝无机磨石复合板反吊挂系统（图 3.9-26），解决了石材吊挂的安全问题。

图 3.9-26　吊挂系统

精研构造，运用系统隐藏技术（图 3.9-27），解决了设备末端在极简风格系统上的不协调问题。

图 3.9-27 球形风口

精研细节，恢复失传的砌筑技术，重现百年建筑的艺术特质，外立面采用复古烧制工艺烧制 21 万块青砖、红砖，并在砖表面刻制“建党百年”“嘉兴 2021”字样（图 3.9-28、图 3.9-29）。为保证砖缝宽窄一致均匀，对烧制成型的砖进行二次定尺加工，砖尺寸正负误差不超过 2mm。外墙采用复古元宝缝勾缝工艺。利用计算机辅助精准排板，顶部以 GRC 雕花装饰，1∶1 还原 1921 年时期的嘉兴火车站效果。

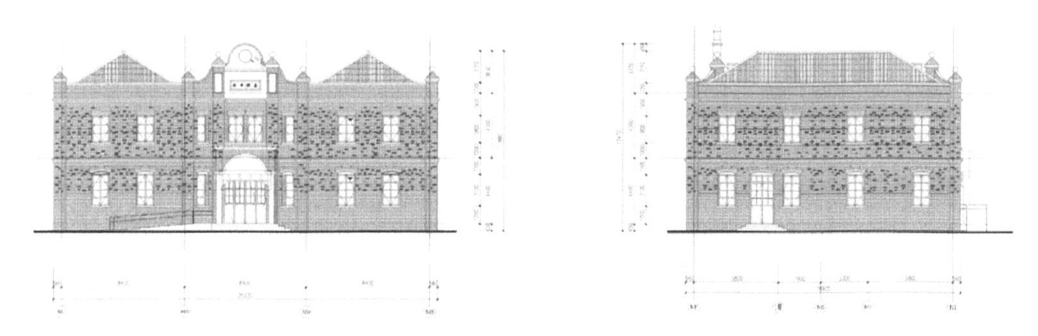

图 3.9-28 立面考究

图 3.9-29 青砖、红砖样板

双曲反吊顶开放式檐口通过三维 BIM 建模放样，现场三维激光放线，铝板加工及定位精准，曲线顺滑，缝宽一致（图 3.9-30）。

图 3.9-30　双曲挑檐铝板

站台异形 H 型钢柱，雨水管安装于 H 型钢腹板上，左右两侧翼缘板采用 5mm 厚钢板封住，钢板采用现场三维扫描二次参数建模出图激光切割成型，在 H 型钢转角采用 ϕ 18mm 圆钢管作为保护面，圆钢管弯弧采用三维扫描二次建模出图，弯弧机弯弧加工使得柱子与吊顶形成整体，H 型钢立柱装饰面采用与铝装饰板颜色相同腻子作为装饰保护层，与整体建筑风格一致（图 3.9-31 ～图 3.9-33）。

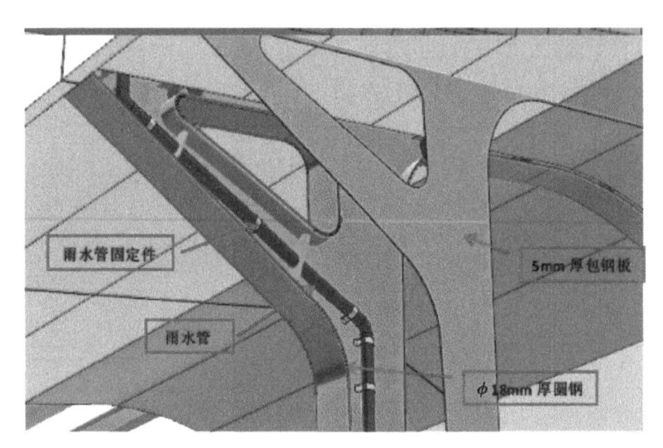

段焊接（焊缝长度 30mm；间隔 300mm）
ϕ 30mm 圆弧角
ϕ 18 圆钢管
H 型钢立柱
雨水管固定件
雨水管
5mm 厚钢板
腻子厚度不小于 5mm

图 3.9-31　H 型钢柱

图 3.9-32　驻场监造，保障细节

站台曲面吊顶创新圆弧造型设计：整体形式为创新圆弧造型设计，吊顶装饰铝板层垂轨方向采用离缝设计插接方式；顺轨方向采用密拼插接方式，确保整体形成效果顺滑美观（图 3.9-34、图 3.9-35）。

图 3.9-33　站台雨棚成品效果

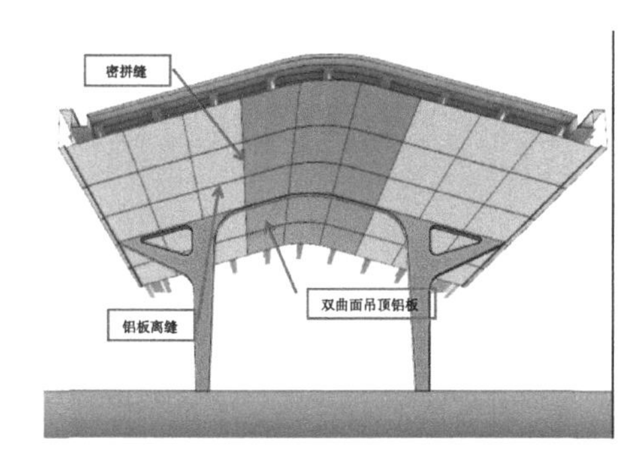

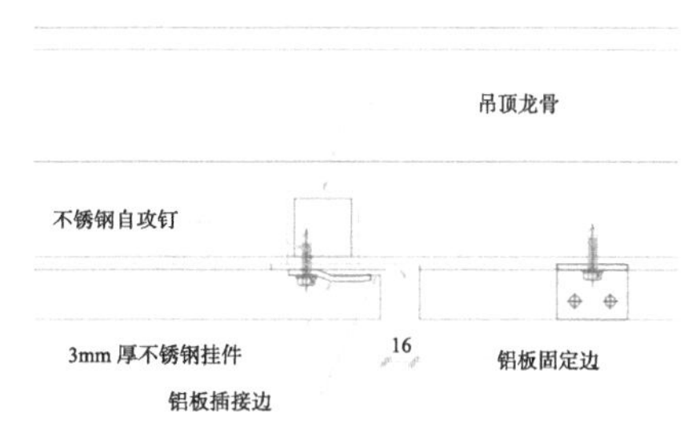

图 3.9-34　铝板连接构件

图 3.9-35　使用铝板连接构件，确保整体效果

创新采用打砂不锈钢扶手（图 3.9-36），型材立柱，节点设计巧妙，立柱与扶手采用组合装配式连接件，连接件与墙体无扣盖，整体彰显高端大气。

图 3.9-36　不锈钢扶手

参考文献

[1] 习近平 . 习近平在清华大学考察时强调 坚持中国特色世界一流大学建设目标方向为服务国家富强民族复兴人民幸福贡献力量 [EB/OL].[2021-04-19] http：//cpc.people.com.cn/n1/2021/0419/c64094-32082039.html.

[2] 交通强国建设纲要 [EB/OL]（2019-09-19）[2019-09-19]http：//www.gov.cn/zhengce/2019-09/19/content_5431432.htm.

[3] 国家综合立体交通网规划纲要 [EB/OL].（2021-02-24）[2021-02-24]http：//www.gov.cn/xinwen/2021-02/24/content_5588654.htm.

[4] 中华人民共和国国家发展和改革委员会中长期铁路网规划 [EB/OL]https：/www.ndrc.gov.cn/xxgk/zcfb/ghwb/201607/t20160720_962188_ext.html.

[5] 陆东福 . 奋勇担当交通强国铁路先行历史使命 努力开创新时代中国铁路改革发展新局面：在中国铁路总公司工作会议上的报告（摘要）[J]. 中国铁路，2019（1）：1-8.

[6] 陆东福 . 强基达标 提质增效 奋力开创铁路改革发展新局面 [N]. 人民铁道报 2017-01-04.

[7] 王同军 . 中国智能高铁发展战略研究 [J]. 中国铁路，2019（1）：9-14.

[8] 卢春房 . 铁路建设管理创新与实践 [M]. 北京：中国铁道出版社，2014.

[9] 卢春房 . 高速铁路工程质量系统管理 [M]. 北京：中国铁道出版社，2019.

[10] 何华武 . 创新的中国高速铁路技术（上）[J]. 中国工程科学，2007（9）：4-18.

[11] 何华武 . 创新的中国高速铁路技术（下）[J]. 中国工程科学，2007（10）：4-18.

[12] 王峰，铁路客站建设与管理 [M]. 北京：科学出版社，2018

[13] 钱桂枫，蔡申夫，张骏，等 . 走进中国高铁 [M]. 上海：上海科学技术文献出版社，2019.

[14] 郑健，魏威，戚广平 . 新时代铁路客站设计理念创新与实践 [M]. 上海：上海科学技术文献出版社，2021.

[15] 卢春房 . 铁路建设标准化管理 [M]. 北京：中国铁道出版社，2013.

[16] 郑健 . 高铁客站建设管理体系构建与实践 [J]. 项目管理技术，2011（3）：46-51.

[17] 王峰 . 高速铁路网格化管理理论与关键技术 [J]. 石家庄铁道大学学报，2014（27）：51-54

[18] 钱桂枫 . 铁路精品客站建设实践与高质量发展研究 [J]. 中国铁路，2021（z1）：10-16.

[19] 王哲浩，甘博捷 . 铁路客站建设管理创新与发展研究 [J]. 中国铁路，2021（s1）：39-43.

[20] 王峰 . 新时代铁路客站建设的设计观念优化 [J]. 中国铁路，2021（z1）：6-9.

[21] 周铁征，杜昱霖 . 雄安站站城融合规划设计讨论 [C]// 中国“站城融合发展”论坛论文集 . 北京：中国建筑工业出版社，2021.

[22] 郑雨 . 基于新时代智能精品客站建设总要求的北京朝阳站建设策略 [J]. 铁路技术创新，2020（5）：5-18.

[23] 孟庆军，姚绪辉铁路站房精品工程创新研究 [J]. 中国铁路，2021（z1）：64-69.

[24] 吉明军，曾丽玉，殷雁．落实客站建设新要求全力打造铁路精品客站 [J]. 中国铁路，2021（z1）：135-139.
[25] 郑云杰．《绿色铁路客站评价标准》的研究与应用探讨 [J]. 铁路工程技术与经济，2017（3）：5-7，44.
[26] 黄家华．京张高铁清河站落实客站建设新理念设计创新探索与实践应用 [J]. 中国铁路，2021（z1）：139-143.
[27] 韩志伟，张凯．智能车站的实践与思考 [J]. 铁道经济研究，2018，26（1）：1-6.
[28] 王洪宇．铁路客站文化性设计研究 [J]. 中国铁路，2021（z1）：17-21.
[29] 周铁征，王青衣，贾慧超．精品客站设计技术研究与创新实践 [J]. 中国铁路，2021（z1）：22-26.
[30] 刘强，孙路静．铁路客站建设中的“文化振兴”[J]. 中国铁路，2021（z1）：33-38.
[31] 方健．京沪高速铁路上海虹桥站新建站房设计 [J]. 时代建筑，2014（6）：158-161.
[32] 赵鹏飞．高速铁路站房结构研究与设计 [M]. 北京：中国铁道出版社有限公司，2020.
[33] Eurocode Structures in seismic regions-design，Part 2：Bridges [S] . Brussels：European Committee for Standardization，1994 .
[34] 米宏广，唐虎，常兆中，等．丰台站结构体系研究与设计 [J]. 建筑科学，2020（9）：142-147.
[35] JIZUMI M，YAMADERA N. Behavior of steel minfored concrete members undertorsion and bending fatigue[C]//International Association for Bridge and Structural Engineering IABSE Symposium. Brussels，1990（60）：265-266.
[36] 赵勇，俞祖法，蔡珏，等．京张高铁八达岭长城地下站设计理念及实现路径 [J]. 隧道建设，2020，40（7）：929-940.
[37] 张广平，薛海龙，王杨．雄安站建设新理念系统研究与创新实践 [J]. 中国铁路，2021（s）：50-57.
[38] 中华人民共和国国民经济和社会发展第十四个五年规划和二O三五年远景目标纲要 [EB/OL]（2021-03-12）[2021-03-13]http：//www.gov.cn/xinwen/2021-03/13/content_5592681.htm.
[39] 智鹏，钱桂枫，林巨鹏．京津冀重点客站工程建造信息化智能化技术研究及应用 [J]. 铁道标准设计，2022（3）：1-9.
[40] 傅小斌，邵鸣．打造人文客站的理论意义与实践探索 [J]．中国铁路，2021（S1）：
[41] 赵振利．绿色铁路客站创新实践与发展展望 [J]. 中国铁路，2021（S1）：89-94.